SHANGHAI OUTSTANDING YOUNG

ARCHITECTS

2018 年上海市建筑学会成立六十五周年评选活动

上海市杰出中青年建筑师之十 • 李振宇

上海市建筑学会
The Architectural Society of Shanghai China

设计过的房子，读过的城；指导过的学生，见过的人。这就是我的收获，我的历程。提倡白话建筑，追求类型贡献，期待迈向共享建筑学

李振宇

Li Zhenyu

中国建筑工业出版社

评选专家委员会

主　任：

全国工程勘察设计大师 沈　迪

专　家：

中 国 工 程 院 院 士
全国工程勘察设计大师 魏敦山

全国工程勘察设计大师 时　匡

全国工程勘察设计大师 汪孝安

全国工程勘察设计大师 赵元超

全国工程勘察设计大师 丁洁民

丛书序 PREFACE

上海伴随着改革开放近四十年的城市建设发展日新月异，浦江两岸新老建筑相映成辉，历史的传承和时代的发展使上海更具有文化的内涵和城市的魅力。在这振奋人心的时代里，在一大批优秀建筑的背后是一群富有创作热情、具有世界眼光、勤勉努力的中青年建筑师。他们已经成为当下行业内的中流砥柱，他们继承着前辈的匠心，把握着时代的脉搏，他们有着新一代独到的理论见解和创作思想。

2018 年正值上海市建筑学会成立 65 周年，六十多年来，学会汇聚了大批建设领域的专家和精英，他们积极参与上海市及全国各地的建设，为城市化建设与发展做出了卓有成效的贡献。值此 65 周年之际，本会向全社会发起了“上海市杰出中青年建筑师”评选活动，旨在表彰一批在建筑设计领域取得突出成就和做出重要贡献的中青年建筑师们，以此鼓励上海市中青年建筑师奋发进取、锐意创新的精神。

“上海市杰出中青年建筑师”评选于 2018 年 7 月 26 日正式启动，共收到来自 53 家设计院所、高校的 150 余名中青年建筑师的竞选申请；此次评选经过社会网络投票，唤起了行业内外对城市建设和建筑师的关注。其中网络投票页面访问次数达到 870 万次，累计投票次数超过 220 万次。最终，由院士、大师组成的评审专家委员会于 11 月 7 日推选出了 20 名“上海市杰出中青年建筑师”。

“上海市杰出中青年建筑师”系列丛书的出版，既展示了上海中青年建筑师们的学术水准、创作业绩及个人风采，也鼓励其创新精神和社会责任感。促进其能够与国际接轨，提升其社会影响力，为中国建筑业增添绚丽的色彩。

上海市建筑学会理事长

序言 FOREWORD

李振宇教授是我多年的同事，在二十余载的交往中，他给我印象至深的，莫过于思维敏捷、文字激扬、处事果敢、雷厉风行。在研究、教学之余，他还长期投入设计实践。在我看来，他的建筑创作主要有三个特点。第一，关注日常性。在平凡的生活轨迹中寻找空间的韵味和惊喜，提出了“白话建筑”的设计意趣。第二，活用类型学。把注意力集中在空间类型变化上，并借用中国园林的组织方式，形成了“拓扑变换”和“虚实相宜”的设计方法。第三，探索多样化。以住宅和住区设计为发端，扩及大中小学教育建筑实践，涉足德国、日本、坦桑尼亚等国外交建筑设计，而在城市设计方面亦有所作为，丰富了触类旁通的设计经验。

李振宇是一位充满生活热情和工作激情的建筑学人，在课堂上如此，在设计中如此，在国际交流和学院管理中亦是如此。他的这本新作以“宅语”、“城记”、“桃李”、“人际”为题分作四篇，特点鲜明，反映了他在建筑创作、城市设计、培养学生和学术交流诸方面的态度、胸襟和思路，读来令人耳目一新。近年来，李振宇对“共享建筑学”研究兴趣正浓，这也得益于他丰富的专业经历和开阔的工作视野。

祝愿李振宇的“白话建筑”不断达至多姿多彩的意境！

是为序。

己亥正月末于沪上寓所

目录 CONTENTS

作为学校教师，希望教学、科研与设计相结合，运用类型学方法支持日常建筑的设计创新。

作为建筑师，主张“白话建筑、类型贡献”，追求“意料之外，情理之中”；在住宅建筑、教育建筑、外交建筑和城市设计等领域不断努力。

愿以自己特有的方式服务建筑教育事业和建筑师群体，开放多元，扶持新人，同舟共济，博采众长。

李振宇

主要从业经历

Main Experiences

作为一个“建筑学人”，我从求学开始直到今天就没有离开过同济大学。38年中不断有挑战和困难，也充满了意料之外的收获。其实意料之外，也是情理之中。同济大学建筑与城市规划学院向来有开放、多元、宽容的风格，“缜思畅想，博采众长”的学院精神，给了我不断学习、不断尝试的动力。

一、同济求学，特殊印记

·毕业设计建成

1981年我考入同济大学建筑学专业，我们“八一建五”班是全校考分最高的一班，多才多艺的同学给了我很多启发。我虽不是典型的“好学生”，但有三个特别的经历：创办“青年建筑学会”（现名为未来建筑师协会）；提出“不要修复圆明园”的建议；毕业设计上海交大闵行校区物理楼方案被采用。感谢赵秀恒、贾瑞云、刘利生、韩建新、余敏飞、罗小未、吴光祖、喻维国、金大钧、刘佐鸿、詹可声等诸多老师们的培养。毕业设计指导老师是当时的民用院戴正雄建筑师，方案基本原样建成；这给我一个很大的惊喜，是我设计实践的第一份鼓励。

·梓翁门下从游

1986年起在陈从周先生门下读硕士研究生，每星期可以有两次在他的书房里听他讲学问，至今难忘。研究生期间去山东岱庙、福建土楼、扬州园林、安徽寺庙等地测绘调研，到豫园看先生造园，参加了第一届中青年建筑史学者研讨会；进行山西古建筑考察，“行万里路”的趣味从此开始。感谢鲍桂兰、路秉杰、喻维国等领导老师和同门师兄弟的关心和帮助。毕业论文写的是《第宅园林的作用和意义》。陈先生《说园》的“诗情画意”理想和提出的“对景借景，静观动观，小中见大”的园林手法深入我心，给我以后的设计和教学风格留下了很深的烙印。

二、边教边学，实践之趣

·教学和设计公司兼职

1989年研究生毕业后，我留校在设计基础二室任教，并由学院安排兼任同济室内设计公司副经理。当年带的学生，许多人还记得我初出茅庐时的热情和严格守时的态度，也得到教研室余敏飞、郑友扬等老教师的多次表扬和鼓励；几年后，担任了教研室副主任。室内公司两年的兼职则是一个重要的转型：做室内设计、核预算，买材料，看工地，从理论走向了具体的实践，得到薛文广老师的指导；教学和兼职，一边是书生气，一边

上海莲浦花苑　1997
摄影：吴清山

福州天元花园
1998

青岛育才中学　2007
摄影：吴清山

都江堰幸福家园钢结构住宅
2010　摄影：吴清山

是接地气。

·注册建筑师和住宅设计

从 1991 年开始，与郑士寿等同事开始合作，进行建筑设计尝试；当时不论学校里还是设计院，大家都没有很成熟的经验，需要在摸索中积累。我们开始的时候很艰苦，机会也很少；后来慢慢开始入门，逐步找出了一些设计工作的方法，比如青年教师之间协作，设计理念的凝练，设计规范的把握，文本模型的制作等等。1996 年通过一级注册建筑师考试，成为上海首批 36 人之一，当时的心情可以说是喜出望外。同年与郑士寿、张小岗等一道设计上海莲浦花苑，从住宅平面优化研究入手，统一中求变化，兼顾空间环境的整体特色，得了好几项设计奖。其后又与戚广平、刘晓东等同事合作设计了福州天元花园，得到了行业内的好评，还参加了同济绿园的设计工作。这一阶段的工作，激发了我对住区和住宅设计的浓厚兴趣。

三、国际视野，类型贡献

·柏林工大留学

1997 年在导师刘云教授的鼓励下，在职攻读博士研究生；又得到郑时龄教授的支持，申请到国家公派和德国 DAAD 资助，1999 年～2001 年间在德国柏林工大进行联合培养博士生进修。德方导师是海尔勒（Peter Herrle）教授，他给予我全方位的热情扶持。

我到德国时已经35岁，因此尤其珍惜学习机会。期间重点研究柏林住宅建筑，走访了德国和其他国家的120多座城市，参观了800多个建筑项目（其中半数为住宅建筑）。实地看到教科书上那些古代和现代的建筑实例，仿佛可以和建筑师无声地对话，令我特别感动。两年中，我还采访了42位专家学者，拍摄20000多张幻灯片，协助指导两学期设计课，做了6次报告，对德国建筑文化和欧洲城市发展有了一些切身体会。对我影响最大的是海尔勒教授反复强调的“类型学贡献”，而克莱胡斯（J.P Kleinhues）“批判的重构”思想以及IBA国际建筑展览会（1984 ~ 1987）众多作品，则成为我学习的基础。2002年，我在同济大学进行了博士论文答辩，题为《柏林上海住宅建筑发展比较研究》，主要运用的是类型学方法。这段经历为以后的研究和教学工作提供了新方法，更提供了宽阔的视野。

· 投身国际合作

2001年从柏林工大回到同济大学建筑与城市规划学院，先后辅佐王伯伟、吴志强两任院长，担任院长助理和副院长，负责学院的国际合作工作。吴志强院长提出“引老送青”，用国际化来推动学科发展，迎来了学院新的气象。在大家的努力下，8年间送到国外访学进修的师生总数超过1000人；学院每年的国际讲座从10多场发展到150多场；和同事们一起建立了双向双学位联合培养硕士体系，每年派出数十位研究生，同时招收欧美知名大学的研究生来同济攻读双学位；建立了几十门课程组成的英语课程体系，还组织了多次大型国际学术会议，进行了一次国际评估。

此间，我自己的收获也颇多：每年100多场讲座有相当一部分是我做主持人，因而有机会亲耳听到许多著名建筑师、学者的报告和讲座，如安藤忠雄、文丘里、霍莱茵、库克、安德鲁、博塔、聪尼斯、杨·盖尔等。学院和国内外100所建筑学院建立了各类交流合作联系，成为国际建筑规划景观交流的重要平台。除了设计课外，我自己也创建了两门研究生课程：中文版的《现代住宅类型学》和英文版的《中德建筑比较》，一直延续到今天。

· 三人合作工作室

也是从2001年起，我和王志军、蔡永洁三人共同建立了设计工作室。我们三人都曾留德学习，他俩又是我大学同班同学中的尖子，我们可以说既有共同点，又有互补性。

前后八年，我们做了一些有意思的设计，特别在城市设计和住宅类型学这两个向量上有较大的收获。

在上海，设计了国际汽车城步行街和浦江镇动迁基地；在青岛，设计了结合地形的湖光山色小区、长春花园住宅和育才中学，在空间和形式上有一定的特色；在沈阳，完成了规模较大的长白岛城市设计。通过投标赢得了中国驻柏林大使官邸的设计竞赛，前后修改13稿，历时六年，可惜最后由于选址的问题没有建造。此外，我们在福建、浙江、江苏、山东、四川等地也有一些实践。通过这一阶段的工作，形成了我们自己的工作模式，也对指导研究生参与科研和实践有了日趋成熟的方式。

四、白话建筑，共享之道

·学校国际合作工作

2009年3月，我被任命为学校外事办公室主任。这不仅出乎很多同事的意料，也在我自己的计划之外。在裴钢校长“追求卓越”的思想和董琦副校长“春风化雨”的工作风格影响下，我开始了全新的工作状态，也有机会见识了更多大学、更多专业和更多的人，开始了非常忙碌的办公室状态。每年有十余次国际旅行，几十次国内出差。我们把国际合作作为学校提高竞争力的重要抓手，建立了双学位培养体系（含91个项目）、英语课程体系（362门课程）、模块化教授体系（三年587人次）、学生出国境访学体系（年度3300人）等。我自己五年中因公访问了近百所国际合作大学，其中三分之一是有建筑学院的。

·师生合作新模式

2009年，依依惜别原来的三人工作室，减少了设计实践工作量，在同济大学建筑设计院都市分院的统一管理下，我与博士生硕士生合作建立了新工作室。我们尝试了新的管理模式，请研究生同学们自己管理自己，把设计、研究和教学工作相结合，锻炼大家的全面能力，这也得到了丁洁民、王健、吴长福、汤朔宁等设计院各级领导的鼓励和支持。十年来，先后有卢斌、唐可清、常琦、李都奎、董怡嘉、孙淼、李垣、朱怡晨、宋健健、王达仁、卢汀滢等博士生和众多硕士研究生加入工作室。

这一阶段的专业和设计工作虽然数量不多，但内容有了新的发展。特别是与带领研究生进行的科研相结合，在日常性的建筑中寻求新突破，与国家自然科学基金等研究项目相结合。

这十年中的设计工作涵盖了以下几个方

向：

一、加强类型学研究和运用（中国驻慕尼黑总领馆建筑设计，合作者王志军）；二、探索“小街坊窄马路密路网开放街区”的可行性（都江堰壹街区住宅设计，合作者蔡永洁）；三、“形式追随生态”的关联性（同济大学嘉定校区留学生公寓设计）；四、关注“城中厂改造”专题（嘉兴角里街冶金厂改造方案，合作者王骏等）。设计题材主要有居住建筑、城市设计、外交建筑、教育建筑和城市更新等，获得多项上海市和中国建筑学会的设计奖项。

·学院管理服务

2014年春，开始担任建筑与城市规划学院院长。我和同事们共同努力，在五年之中主要做了五件事。第一，正确认识国际国内合作与竞争格局，设定跻身国际一流的目标；第二，为建筑学、城乡规划学、风景园林学的本硕博学生提供更好的学习条件和平台；第三，规范管理，希望每个教师能承担“共同而有区别的责任”，内部适度竞争；第四，支持学术尖子，扶持优秀中青年教师，出思想、出人才、出成果；第五，担当起社会服务的责任，并做好校友工作，扩大国际国内影响。

学院的建筑学、城乡规划学、风景园林学三个学科都是教育部认定的“一流学科”；在QS“建筑与建成环境”学科排名中，连续两年位于全球18位。在过去五年中，几乎世界所有知名的建筑学院，都有院系领导和知名教授率团到访同济建筑与城市规划学院，进行平等合作，这里正在成为国际建筑规划景观之港 “AUL-Port”。普利茨克奖获得者波赞巴克、伊东丰雄、妹岛和世、RCR、矶琦新、槙文彦等以及屈米、里伯斯金、埃森曼、博埃里、阿巴罗斯、门格斯、MVRDV、舒马赫等著名国际学者和建筑师多次到访讲学；从与他们的近距离交流中也学习到很多东西。

·共享建筑学的愿景

受彼得·埃森曼在UIA2002大会的演讲和叶青《共享设计》（2010）一书的启发，我开始关注共享建筑学这一话题，在2017年发表了《迈向共享建筑学》一文。2018年，在“清润杯”全国大学生建筑论文竞赛担任出题人时，提出“共享时代的城市与建筑”这一题目。近年来，我们在设计中特别关注“共享建筑”，也有常州皇粮浜中小学校和全民健身中心设计、奉贤齐贤工业区改造城市设计等正在进行中的设计实践作为尝试。

都江堰壹街区安居房灾后重建 2011
摄影：吴清山

奉贤齐贤工业区城市设计 2018

我们的基本观点是，在信息化和个人移动终端的支持下，建筑的“打开方式”正在面临革命性的转变，建筑的专有功能很有可能演化为共享的使用。我们不仅可以共享建筑空间，还可以共享使用者本身。建筑的形式，也会随着共享的普及而发生变化。我们的共享方式，可以从全民共享，发展到让渡共享和群共享。

五、宅语·城记·桃李·人际

2018 年，上海市建筑学会首次评选“杰出中青年建筑师”，我忝列 20 人中。一方面感到高兴，一方面也觉得自己做得很不够：作品不够多，影响不够大，探索不够深。因此在编这本小册子的时候，颇费思量。最后决定稍作调整，分成四节，以“住宅”、“城市”、“学生”、“交往”四个主题串联相关设计和展览，以体现自己专业活动的轨迹和特色。

设计过的房子，读过的城；指导过的学生，见过的人。这就是我的收获，我的历程。

提倡白话建筑，追求类型贡献，期待迈向共享建筑学。

主要建筑作品

Selected Works

宅语

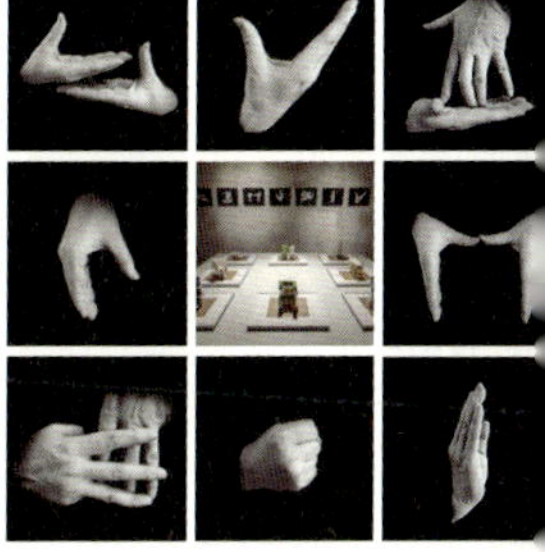

城记

桃李

人际

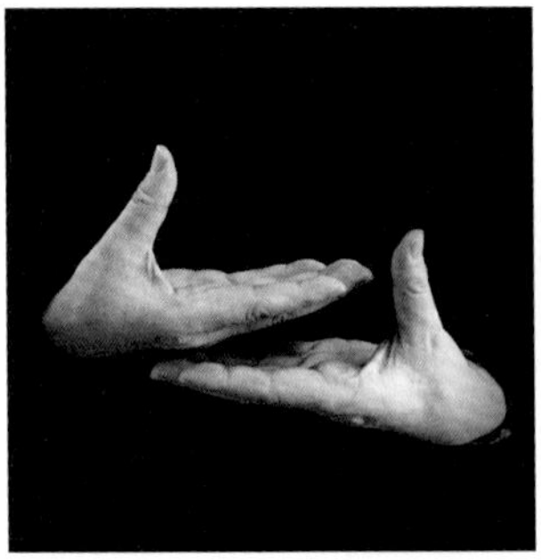
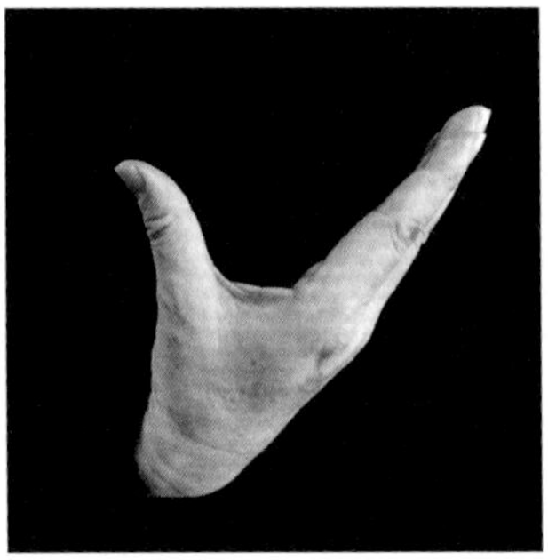
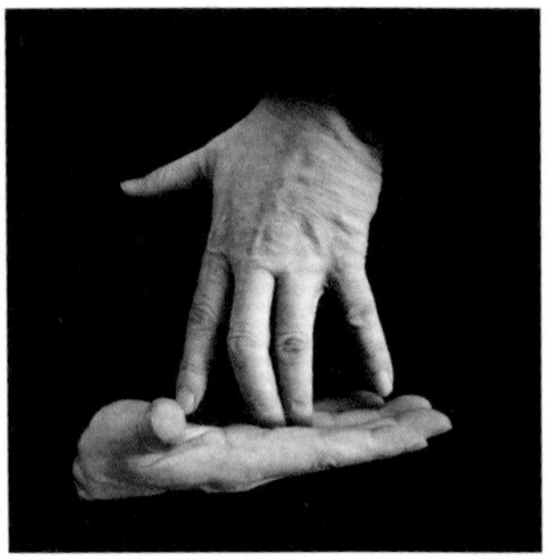
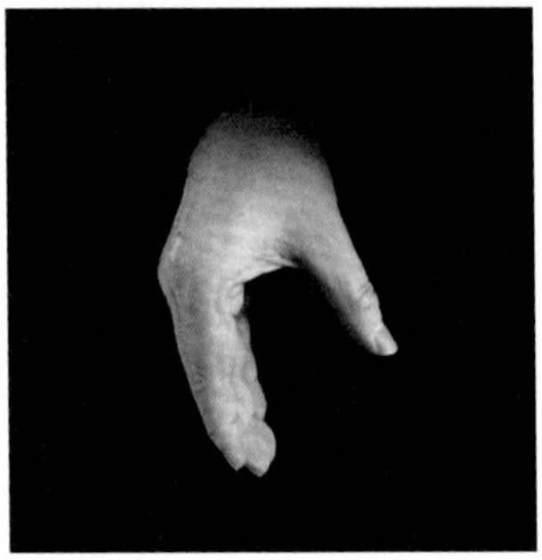

宅 语

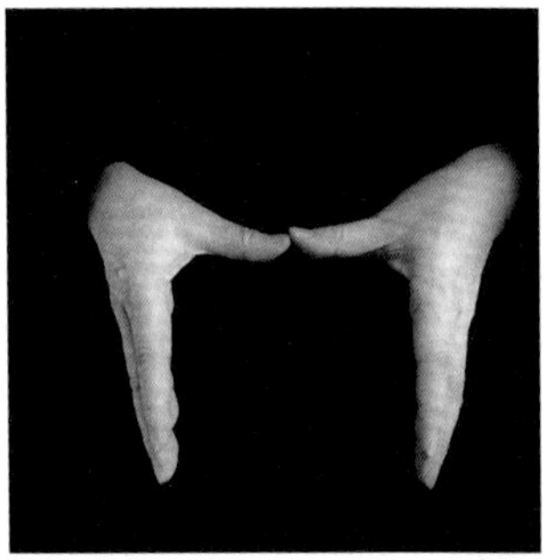
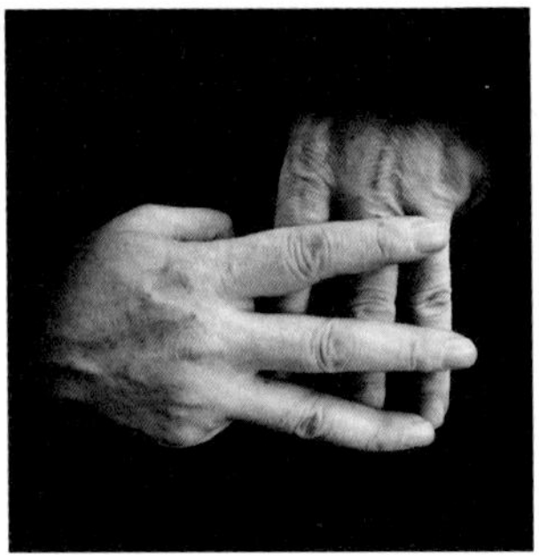
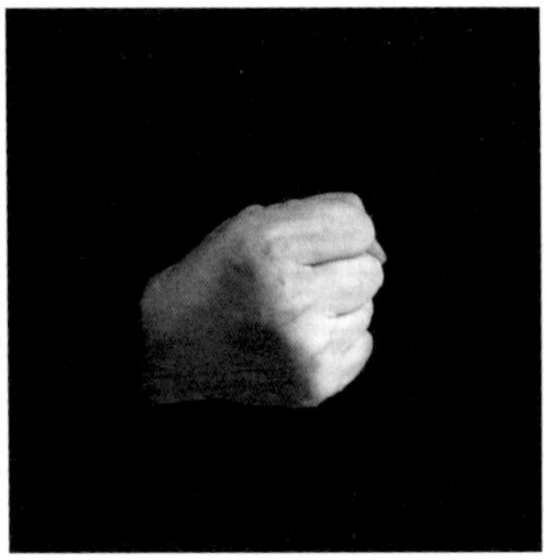
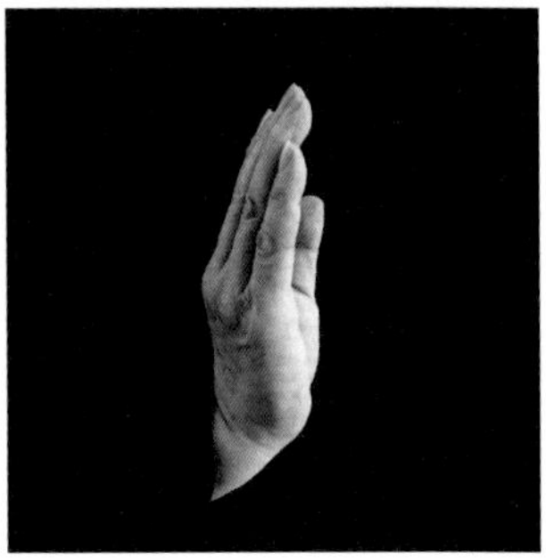

· 青岛“长春花园”规划和建筑设计

· 温州林里 A 街坊规划方案

· 《宅语》展

过去的二十多年里，设计得最多的就是住宅建筑；住宅设计和类型学研究带给我许多创新的乐趣。这是一个英雄辈出的天地，从高迪、密斯，到今天的MVRDV、BIG、都市实践、藤本壮介等都说出了独特的语言。偶然之间，我用“手语”来表达住宅设计的特色，配上乐高模型，成了《重构乌托邦》的展览作品。

"长春花园"与青岛第二实验中学

青岛"长春花园"规划和建筑设计

Chang Chun Garden Residential Community in Qingdao

项目地点：青岛

基地面积：47.98 h ㎡

总建筑面积：665766.1 ㎡

住宅建筑面积：605325.97 ㎡

公建建筑面积：57600 ㎡

设计时间：2004 年

建成时间：2007 年

摄影：吴清山

合作者：王志军、蔡永洁 等

"长春花园" 16号楼 鲁信置业供图

总体效果图

规划向心圈层。借助建筑形体的协调，改善南高北低、坡度 1 ∶ 10 的地形条件，三面围合的高层布局呈“U”形环抱面山，营造向心、安静的居住环境。

建筑高低对比。在高容积率的情况下，把多层、中高层住宅和高层住宅相结合，通过高低对比，合理分配空间资源。

注重景观组织。一主三辅的渗透带，连续了浮山森林公园的绿化景观。沿银川路的会所建筑底层架空，形成观景广场，加强区、内外的空间交流。

打造建筑特色。北端的青年公寓立面采取波浪式弧线阳台板，立面上三个方洞作为空中花园使建筑体型通透、轻快；沿山涧两侧的点式住宅通过“一梯一户半”的特殊户型，结合曲线阳台，形成独特的滨水景观。

青岛长春花园

沿山涧两侧的8栋点式11层住宅，采取与多层住宅不同的造型方式，形成对比，提炼了中轴空间形态，展开了中轴的空间序列。建筑细长的比例在整个小区中成为标识性较强的形态元素。面向山涧的侧面通过跃层住宅的平台和居室之间的交替，结合从南立面转折过来的曲线阳台，形成舞动的效果。色彩以浅色为主，沿山涧使用玻璃构件，表现“险”、“透”的建筑性格。

青年公寓南向面对中心湖面，建筑立面波浪式弧线阳台的弧峰、弧谷上下层交错，生动、强烈。三层裙房为商业，通过四层的架空层观景平台与上层住宅分隔开。

总体鸟瞰效果图

温州林里 A 街坊规划方案

Conceptual Planning of Lin Li's Neighbourhood, Wenzhou

项目地点：温州（未实施）

基地面积：5.69 hm^2

总建筑面积：90783 ㎡

地上建筑面积：62260 ㎡

地下建筑面积：28523 ㎡

建筑密度：30%

容积率：1.1

设计时间：2016 年

设计团队：李振宇、卢斌、宋健健、朱怡晨、顾闻、王春彧、姚严奇 等

"花街"效果图

温州生态城林里单元定位为现代化、人性化、居住环境优越的高档住宅小区。

一、巧用陡坡，中心花街。充分挖掘场地陡峻的地形特点，沿 27° 的陡坡分为四个台地，层层下跌。通过 S 形道路组织，满足 8% 的车道坡度极限。沿场地中轴的"花街"构成景观通廊，营造自然连续的步行体验。

二、南北联院，奉送花园。低层别墅以鳞次栉比的坡屋顶为主，两排别墅形成南北联院，奉送独户花园。强调社区生活性街道界面的连续性和宜人尺度，创造具有活力的公共空间。

三、空中三合，逐层退台。高层公寓现代简约，创新的空中三合院及逐层退台式设计，提供了独一无二的景观视野和标志性的折线形立面。

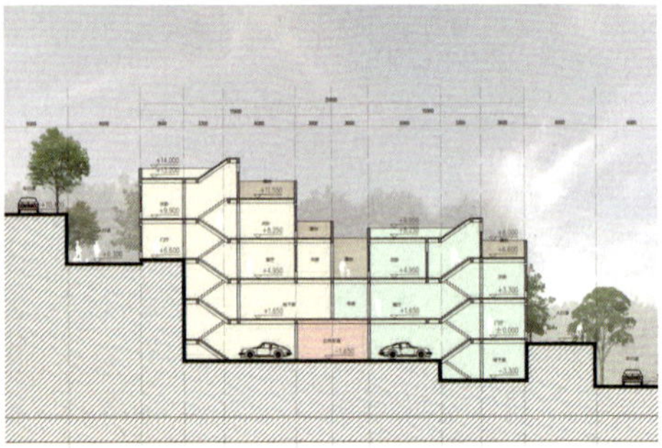

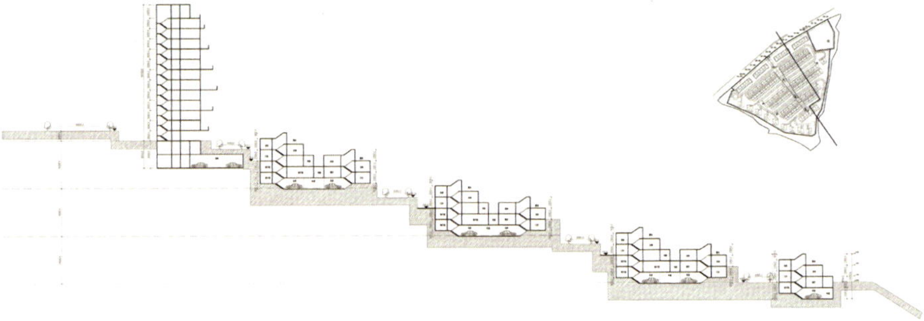

三合院与南北联院

《宅语》展

Exhibition of Housing

展览名称：重构乌托邦，一场永无止境的精神性实验

Reconstructing Utopia, A Never-ended Spiritual Experiment

策展人：野城

地点：上海市普陀区政务中心文化空间

时间：2018 年 12 月 14 日 -2019 年 2 月 20 日

制作团队：李振宇、朱怡晨、宋健健、王达仁、卢汀滢、张一丹

城 记

- 青岛“湖光山色”小区规划和建筑设计
- 浦东新区动迁安置房概念方案
- 《空中读城》 李振宇摄影展

我去过国外240多城，国内500多城，加起来约占世界城市总数的5%多一点。空中读城的爱好是我偏爱城市设计工作的投射，过去二十年我常坐飞机，每次都争取坐在窗口，拍到了国内外120多座城市的鸟瞰照片。2015年出版《空中读城》一书，2016年举行同名展，后来又有12幅《空中读村》的照片在2018威尼斯双年展中国馆展出。这里收录了一组自己做过的项目，偶尔在飞机上看到、拍到它们，真的会让人心潮澎湃。

总体鸟瞰

青岛“湖光山色”小区规划和建筑设计

Hu Guang Shan Se Residential Community in Qingdao

项目地点：青岛

基地面积：20.04 hm²

总建筑面积：242335 ㎡

住宅面积：229835 ㎡

公建面积：12500 ㎡

容积率：1.2

设计时间：2001 年

建成时间：2003 年

合作者：王志军、蔡永洁 等

摄影：吴清山

2001 年获居住环境设计创新风暴奖

实景航拍

临湖住宅

规划架构上，通过建筑的高低塑造来调整地形，构成以“湖”为中心的发散式网格架构、“三台地”高程域分布、“楔入式”正负空间布局和高适应性的建筑形态布局。

城市设计充分结合环境，整体建筑空间层次多样：以湖水为核心，组织向心的建筑群落空间，在不同的组团有相对集中的室外空间，在两组建筑之中又有公共空间。

因地制宜，组织不同档次、不同风格的住宅形态。八栋湖滨住宅呈放射状布置，指向中心湖，建筑由高 9 层到低 4 层向中心湖跌落。

椭圆环形路从建筑下穿越八道“门”，串联放射性住宅建筑和整个小区。西南入口形成步行街，舞动的外墙和升高的建筑形成对城市开放的空间。

临湖住宅

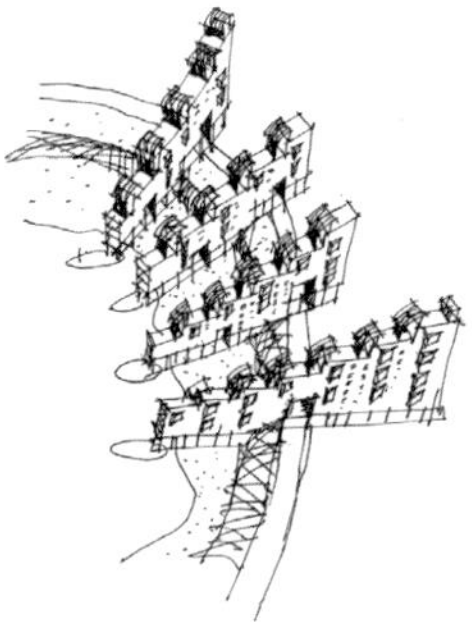

小区的景观系统采用集中向心、楔形渗透、坡向界面等处理方式，从而流动、自然、贴切地契合自然地貌形态。

充分运用“湖水”主题，提升住宅的价值和品位，围绕湖面尽可能多安排住宅，突出“望湖”的优势，环湖设台阶式住宅，这些户型有面朝湖水的大平台，成为精品甚至极品住宅。

发挥“山地”特色，道路、建筑、坡地相互结合，利用自然的竖向条件，用好山地、减少土方，创造自然的景观形态。

总体鸟瞰效果图

浦东新区动迁安置房概念方案

Design of Relocation Housing in Pudong

项目地点：上海（未实施）
基地面积：14 hm^2
占地面积：24.3 hm^2
总建筑面积：482000 m^2
设计时间：2017 年
设计团队：李振宇、卢斌、宋健健、朱怡晨、束逸天、孙二奇、顾闻、王春彧、姚严奇 等

临河效果图

为动迁安置房寻找统一中的参差多态，试图用共享的空间、多样的住宅建筑和高效率的套型平面，造就一个具有迷人魅力的社区。我们的设计理念共分为三点：共享、特色与节省。

“共享”：在城市层面形成城市界面公共共享空间，在组团层面组织街坊半公共共享空间，在建筑单体层面创造半私密共享空间。

“特色”：设计造型区别于周边既有行列式高层，处处有标志性，人人有邻里感，家家有趣味性。

“节省”：适度功能混合套裁省用地。局部不利朝向及沿街建筑底层引入商业，活化整体功能配置；类型组合交通省公摊。沿河廊式多层公摊为零，中走廊上下层互跃省公摊面积；套型紧凑户内省面积。严格控制面积分段要求，室内空间紧凑，布局合理。

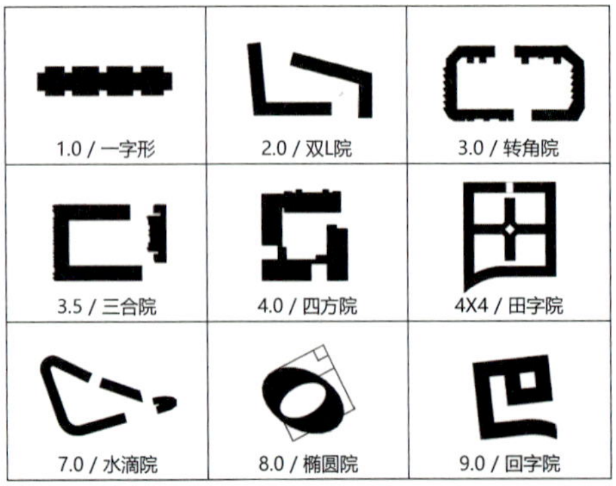

运用九种原型寻找统一中的参差多态，试图用共享的空间、多样的住宅建筑、高效率的套型平面造就具有迷人魅力的社区。

整体布局顺应地形，点式高层、线型联排与面状组团结合，高层与多层参差有序，建筑实体与庭院空间相互映衬。

建筑形体沿三角形地块连续上升，局部打断巨形体量，南低北高方便日照；主干路北向立面为城市提供公共界面，空中花园平台形成半私密共享空间。

《空中读城》·李振宇摄影展

Photography Exhibition of City Air Reading by Li Zhenyu

地点：上海城市规划展览馆

时间：2017年1月10日 -2017年2月12日

策展人：翁文斌、卢斌

设计执行：林勇、赵静陶、顾闻、王春彧、姚严奇

桃 李

· 同济大学嘉定校区留学生公寓

· 常州皇粮浜学校及全民健身中心设计

· 听雨轩——李振宇教授工作室

从教三十年，我教过的本硕博学生数以千计；做研究生导师十八年，带过的研究生也有八十多。我做教师，观点是鲜明的，讲课是生动的，影响是直接的。但是，今天的建筑学教育，已经进入了真正的“教学相长”的时代。正是有了研究生们的帮助，我们工作室才能掌握新的软件、技术和信息。我指导的研究生绝大多数都在工作室参加过设计、研究和助教工作。离开了他们的支持，许多工作都无法顺利开展。这一章重点介绍两个与研究生紧密合作的设计项目，也记录了研究生们在工作室每年教师节时聚会的温馨时光。

外景

同济大学嘉定校区留学生公寓

International Students' Apartment in Jiading Campus, Tongji University, Shanghai

项目地点：上海嘉定

占地面积：2.05 hm^2

总建筑面积：35870 ㎡

建成时间：2014 年

设计团队：李振宇、刘红、卢斌、唐可清、李都奎、王祥、常琦 等

摄影：吕恒中

外景

本项目是在既有建筑环境中增加建筑内容，西侧与教学科研楼相邻，北面为原学生宿舍区，增进了集群的复杂性。因此与原有建筑、道路的关系处理颇有推敲，设计方案的几轮变化反映了由“显”到“隐”的过程。

一般而言，学生宿舍具有单元大量重复，造价和面积标准限制严格，空间处理自由度小的特点。在本项目中，建筑师力求解决三对矛盾：统一与变化、效率与趣味、经济与新颖。经过多方案、多轮次的汇报交流和比较遴选，最后基于节约造价、提高使用效率的原因，确定了实施方案。虽然经过反复不断的修改和完善，但“正中求变，融合多元”的初衷却始终贯彻在整个设计过程中，并最终得以实现。

外景

内景

嘉定校区是同济大学的新校区，历经十年建设，已形成规模。本设计项目位于新校区东部的景观大道和主车行路之间，在此地块上建设留学生宿舍及专家公寓。

该项目在城市设计层面上寻求简洁而可解读的平常人的趣味，两个“h”形的正倒组合产生韵味；在单元类型组合上寻找规律和偶然变化，单人间、双人间和六人合租宿舍产生空间编码；外部空间和内部走廊空间造就突变，形成“邂逅空间”，形式上采取波浪形的阳台与价格便宜的面砖，达到意外的形式和光影。

外景

嘉定校区留学生公寓模型参加2017年9月釜山国际建筑文化展。

嘉定校区是同济大学的新校区，历经十年建设，已形成规模。本设计项目位于新校区东部的景观大道和主车行路之间，在此地块上建设留学生宿舍及专家公寓。

其中宿舍4栋，共1020套，包括双人间492套，单人间528套。5层总高约20m；公寓1栋，共50套，地上8层总高29.2m，地下1层。

整体效果图

常州皇粮浜学校及全民健身中心方案

Design of Huang Liang Bang School and Fitness Center, Changzhou

项目地点：江苏常州
占地面积：8.17 hm^2
总建筑面积：100000 ㎡
设计时间：2017 年
设计团队：李振宇、卢斌、朱怡晨、宋健健、王达仁、梅卿、王浩宇、张篪、张一丹、冯天宇 等

教学楼鸟瞰效果图

不同于传统封闭校园，项目力求打造新型开放式校园，在安全管理的同时促进学生交流与创新。设计中引入共享理念，将学校与健身中心共同打造整体服务的平台：

一、整体设计，分区共享。面向主入口的两个弧形体量所容纳的图书馆、报告厅和小剧场在假期兼作少年宫，共同对城市开放。

二、分层分时，地下共享。中学、小学共享下沉篮球场，地下接送系统实现自然采光通风；学校和全民健身中心共享两个地下车库出入口，上、下学时间分区管理，此外的时间，地下车库可对社会公众开放。

三、资源互借，人员共享。学校通过艺术楼中庭与全民健身中心连接，专属通道直达二层服务大厅。学校提供生源和课时安排，同时健身中心提供专业外聘教练和体育知识培训，相辅相成，实现教育资源利用的最大化。

中小学的主要出入口在地块西侧，通过对称的圆头建筑和中轴线的强化，成为学校中最具形式感和纪念性的场所。

教学楼建筑群整体曲折流动，建筑体量如同汉字“引”字的叠加，构成内外空间丰富的变化与逻辑的序列。

各功能分区合理，动静分离；学校室外场地、校内艺术楼等在特殊时段对城市开放。

听雨轩——李振宇教授工作室

Pro.f Li Zhenyu Studio

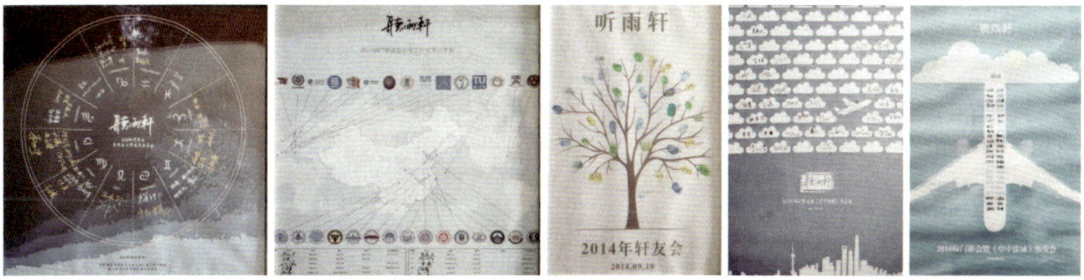

七子灯

九宫・孔明

地点：上海市杨浦区

时间：2009 年～至今

项目：家具、灯具、装置、招贴等

设计团队：李振宇、卢斌、唐可清 等

人 际

· 中国驻慕尼黑总领馆馆舍设计

· 中国驻柏林大使馆大使官邸方案

· 听雨轩成员与建筑师合影

过去 18 年里，因为工作的原因我结识了数以千计的建筑人。过去五年里，我不论是做客人还是当主人，都尽量留下一张合影，日后可查。其中最多的是国内外各大学院长、系主任和知名教授学者，他们帮助我全面理解建筑教育的责任和策略。其次是著名建筑师，如普利茨克奖得主、国际著名设计大师、院士、国家级大师、知名中青年建筑师等，在他们身上似乎能找到各自的创作诀窍。第三类是各方建筑友人，正是有了他们的帮助，建筑师的工作才更有价值。

中国驻慕尼黑总领馆整体效果（图片由中国驻慕尼黑总领馆新建馆舍项目组提供）

中国驻慕尼黑总领馆馆舍设计

Chinese Embassy in Munich, Germany

项目地点：德国慕尼黑
基地面积：19417 ㎡
占地面积：22000 ㎡
总建筑面积：9143 ㎡
设计时间：2009 年
建成时间：2018 年
设计团队：李振宇、王志军、张子岩、卢斌、万月荣、刘毅、唐可清 等
德国配合设计单位：Obermeyer 公司，Alexander Over

夜景 （摄影：张勒洋）

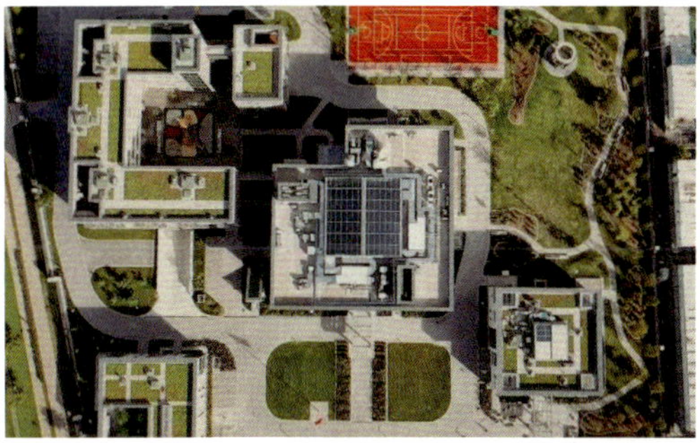

中国驻慕尼黑总领馆新馆是迄今我国在欧洲面积最大的总领馆，坐落在慕尼黑市西南部。设计以“在地化”的“和而不同”为理念，塑造了与周边环境相协调的空间与形态。

（图片由中国驻慕尼黑总领馆新建馆舍项目组提供）

建筑设计采用双合院布局，提取中国合院空间元素，加以现代诠释。方形合院组合与欧洲院落（Hof）相呼应，是建筑融合中欧文化的象征。

（摄影：张勒洋）

新馆通过正方空间和简练丰富的造型语言，既表达出“方正”的中国传统含义，同时反映了德国后现代主义美学观。

（图片由中国驻慕尼黑总领馆新建馆舍项目组提供）

鸟瞰透视图

中国驻德国大使馆大使官邸方案

Design of Chinese Embassy in Berlin, Germany

项目地点：德国柏林（未实施）

占地面积：1.5 hm^2

基底面积：1175.93 m²

总建筑面积：1638.3 m²

设计时间：2009 年

合作者：王志军、蔡永洁

总平面图

主入口效果图

中国驻德国大使馆大使官邸位于德国首都柏林市东部潘可夫区一个住宅区内，经过对基地以及柏林城市建筑的实地调查和分析，我们认识到本设计任务有以下特点：1）本项目基地大而建筑体量小，犹如处在碗底，因此，适当地增加建筑体量是合适的方法；2）官邸建筑有特殊性，既要有安全和私密的考虑，又要适合外交官之间的交流活动，因此要重视外隐内显；3）柏林是外交建筑精品荟萃的地方，从Tiergarten到Mitte，奥地利、法国、英国等国大使馆各领风骚。因此大使官邸应成为非常有特色的建筑艺术，与我国国际地位相应。4）大使官邸既是大使居住的地方，也是在交往中展示中国文化的重要场所，应具备中国文化的涵义。

大使官邸建筑主体位于基地北侧偏东位置，把南向和西向留出作为绿化园林。建筑

西南侧透视图

主体采取“九宫格”式布局，以两层为主，局部一层。主体建筑以墙与建筑体围合成庭院，体现出强烈的中国传统文化。空间朴实大方，堂堂正正，具有大国风范。四角为不同功能空间，形态正中求变。中间为多功能大厅，四边设内容不同的特色庭院。四个庭院以“春、夏、秋、冬”四季为主题，具有不同的功能和含义。东面“春之庭”是迎客区，通向主入口，取“宾至如沐春风”之意；南面“夏之庭”是聚会活动区，连接多功能厅和室外草坪，应“相聚热情似火”之景；西面“秋之庭”为大使和随员使用的游泳池，有“闲来秋水宜人”之趣；北面“冬之庭”为辅助工勤庭院，含“归来融冰化雪”之情。

采取有中国特色的建筑形式，空间上有四合院的神韵，形式上充分运用墙体、坡顶的建筑语言，有中国传统住宅的特点。用比较传统的材料塑造现代形式，形成新的粉墙黛瓦风格。立面主要材料为白抹灰、部分石材和木装修。建筑形体轮廓分明，虚实相间。

设置与九宫格空间相符合的“井”字形复廊，成为主要交通流线。复廊大部分为室外“灰空间”，形成有趣的空间层次。靠近中心区的复廊为室内部分，满足冬季采暖的需要。通过复廊，把内外功能加以有效地区分。

听雨轩成员与建筑师合影

Group Photo of Architects and Pro.f Li Zhenyu Studio

国内外各大学院长、系主任和知名教授学者、著名建筑师、各种建筑友人与听雨轩成员合影

代表项目一览表

Representative Works

1997 年 上海莲浦花苑住宅区规划及建筑设计

1998 年 福建福州天元花园住宅区规划及建筑设计

2004 年 上海闵行区“柳岸街邻”低层特色住宅区概念规划

2005 年 四川简阳行政中心城市设计方案

2008 年 上海黄浦区“露香园”概念设计

2009 年 辽宁大连检测科技园项目规划及建筑设计

2009 年 山东青岛浮山生态公园规划

2010 年 辽宁普兰店海湾新区商住项目规划及建筑设计

2011 年 上海临港新城限价房 6A 地块住宅建筑设计

2011 年 越南兴安大学城概念规划

2011 年 辽宁营口亲和源乐龄怡养老人社区规划方案

2011 年 山东荣成海港概念规划方案

2013 年 江苏紫翔龙红木艺术馆概念方案

2015 年 遵义苟坝红色文化旅游创新区游客接待中心建筑方案

2016 年 武汉大学工学部第一教学楼及周边区域改造设计方案

2016 年 嘉兴市子城片区概念规划与城市设计方案

2016 年 温州林里 A 街坊 A05/A07 地块规划方案

2016 年 嘉兴角里街民丰冶金厂更新改造城市设计方案

2017 年 北方（定州）再生资源产业基地产业新城概念规划方案

2017 年 皇粮浜实验学校、钟楼区全民健身中心设计

2017 年 上海浦东三林回迁安置房概念规划及建筑方案

2018 年 宁波湾滨海华侨城奉化阳光海湾住宅区规划及建筑方案

2001 年～ 2002 年 山东青岛“湖光山色”住宅区规划及建筑设计

2004 年～ 2006 年 山东青岛“长春花园”住宅区规划及建筑设计

2005 年～ 2009 年 中国驻德国柏林大使馆官邸方案

2006 年～ 2008 年 辽宁沈阳长白岛控制性详细规划设计

2007 年～ 2008 年 山东青岛育才中学建筑设计

2009 年～ 2010 年 四川都江堰钢结构住宅小区规划及建筑设计

2010 年～ 2018 年 中国驻德国慕尼黑总领馆馆舍设计

2009 年～ 2017 年 北京洋桥职工住宅规划及建筑设计

2010 年～ 2011 年 四川都江堰“壹街区”安居房灾后重建项目

2011 年～ 2012 年 上海同济大学嘉定校区留学生公寓楼规划及建筑设计

2011 年～ 2012 年 河北石家庄东垣古城项目规划及建筑设计

2018 年～ 2019 年 上海青浦重固镇章埝村田园综合体城市设计方案

2018 年～ 2019 年 上海奉贤新城齐贤工业区城市设计方案

2018 年～ 2019 年 中国民用航空飞行学院天府校区规划方案

获奖经历及学术成果

Awards and Academic Achievements

主要获奖经历

Main Awards

钟灵组团倒房户安置户 P05 地块

上海市建筑学会第六届建筑创作奖优秀奖，2015

同济大学嘉定校区留学生公寓

中国建筑学会建筑创作奖入围奖，2014
上海市建筑学会第五届建筑创作奖优秀奖，2013

中国驻德国慕尼黑总领馆馆舍

第五届上海市建筑学会建筑创作奖佳作奖，2013

中国驻德国大使馆官邸新建工程

全国人居经典建筑规划设计方案竞赛金奖，2012

都江堰市“壹街区”安居房灾后重建项目

上海设计勘察行业协会上海市优秀住宅建筑设计一等奖 ,2011
2010 年度上海市优秀住宅工程小区设计一等奖，2010

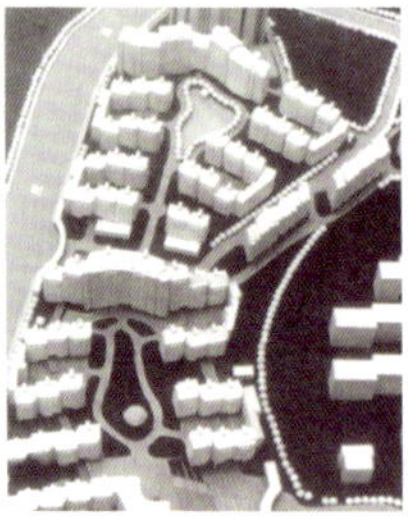

上海市莘闵莲浦花苑

建设部城市住宅小区建设试点部级奖，2000

福州天元花园

联合国人居环境金奖，2000
福州市“榕城杯”优秀住宅小区方案评选第一名，1999

主要学术成果
Main Academic Achievements

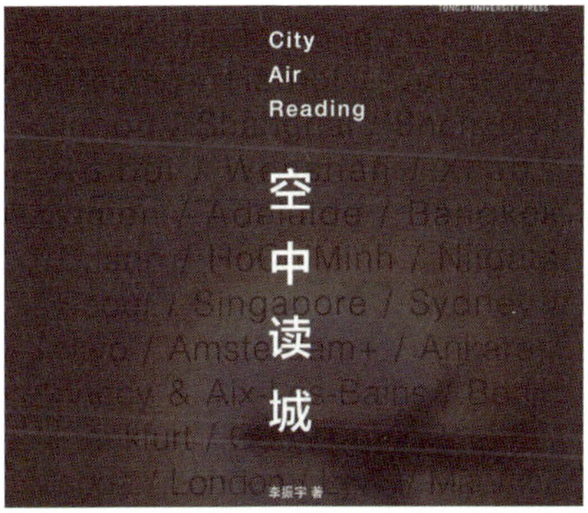

空中读城

同济大学出版社，2015

城市虽然给人很多的景象，但一个令人印象深刻的城市在建筑师和城市规划师的脑海中，总会有一个中观或者宏观的大图景。我无法尽述在空中看到的城市的印象，只想大致说明十个要点：地景、形状、边界、结构、街道、街区、肌理、高度、形式、特殊元素。

柏林住宅

从 IBA 到新世纪

中国电力出版社，2007

本书以柏林住宅从 IBA 到新世纪的 20 年发展历史为线索，简要分析了住宅建筑设计与社会变革、设计思想变迁的关系，总结了柏林住宅在城市设计和建筑设计方面的多样化和个性化探索所取得的成就，以期对中国住宅建筑的发展带来有益的启示。

城市·住宅·城市

柏林与上海住宅建设发展比较

东南大学出版社，2004

本书分上、下两篇。上篇按时间顺序分阶段对柏林和上海 1949 年以来的城市住宅发展及各种社会背景进行专题比较，得出历史发展异同的比较结论。下篇为住宅形态类型的分析比较，对两个城市的住宅区总体布局各种模式、住宅单体平面的各类实例及住宅建筑改造的各种方式进行分析，得到类型对比的结论。

后记 POSTSCRIPT

2018 年 12 月，上海市建筑学会为“上海市杰出中青年建筑师”评选成立了编写工作组，正式启动了本书的编写工作。

本系列丛书由 20 位“上海市杰出中青年建筑师”提供相关素材，对自身的主要从业经历、建筑作品、获奖经历及学术成果等方面作了多样的展示与阐述。由于篇幅有限，不足以充分反映 20 位杰出中青年建筑师的创作思想和优秀作品，只概括地阐述了具有代表性的内容。

“上海市杰出中青年建筑师”评选活动的圆满举办得益于学会理事会、学术委员会、各会员单位、设计院所、高校以及社会各界的大力支持，在此向所有提供支持与帮助的单位和个人表示衷心的感谢。

在编写过程中我们还得到了许多著名建筑师的支持，他们亲自为各位中青年建筑师写序，意在鼓励和培养青年一代的成长，在此向他们表示感谢。同时，特别要感谢评选委员会的专家沈迪、魏敦山、时匡、汪孝安、赵元超、丁洁民，他们以科学严谨的工作态度圆满地完成了本次评选工作。

最后要感谢编委会、学会秘书处以及参与本次编写工作的所有工作人员，感谢你们的辛勤付出。

上海市建筑学会将秉持“坚守科技报国初衷，不辱时代发展使命”的理念，聚行业合力，共谱城市建设华章；携手市民大众共铸辉煌！

上海市建筑学会

上海市杰出中青年建筑师系列丛书

《上海市杰出中青年建筑师》系列丛书

按姓氏拼音排序

《上海市杰出中青年建筑师之一——薄宏涛》

《上海市杰出中青年建筑师之二——陈国亮》

《上海市杰出中青年建筑师之三——陈剑秋》

《上海市杰出中青年建筑师之四——陈 雷》

《上海市杰出中青年建筑师之五——崔中芳》

《上海市杰出中青年建筑师之六——郭建祥》

《上海市杰出中青年建筑师之七——胡世勇》

《上海市杰出中青年建筑师之八——李麟学》

《上海市杰出中青年建筑师之九——李 瑶》

《上海市杰出中青年建筑师之十——李振宇》

《上海市杰出中青年建筑师十一——刘宇扬》

《上海市杰出中青年建筑师十二——柳亦春》

《上海市杰出中青年建筑师十三——钱 平》

《上海市杰出中青年建筑师十四——任力之》

《上海市杰出中青年建筑师十五——戎武杰》

《上海市杰出中青年建筑师十六——宋照青》

《上海市杰出中青年建筑师十七——王文胜》

《上海市杰出中青年建筑师十八——张俊杰》

《上海市杰出中青年建筑师十九——章 明》

《上海市杰出中青年建筑师二十——曾 群》

重庆市高等学校『三特行动计划』建设项目（贸易经济特色专业）资助成果

重庆市万村千乡市场工程的调研报告

杨海丽 刘瑜 郝俊华 著

西南财经大学出版社
Southwestern University of Finance & Economics Press
中国·成都

图书在版编目(CIP)数据

重庆市万村千乡市场工程的调研报告/杨海丽,刘瑜,郝俊华著.
—成都:西南财经大学出版社,2017.12
ISBN 978-7-5504-2857-7

Ⅰ.①重… Ⅱ.①杨…②刘…③郝… Ⅲ.①农村市场—调查研究—研究报告—重庆 Ⅳ.①F723.82

中国版本图书馆 CIP 数据核字(2017)第 033842 号

重庆市万村千乡市场工程的调研报告
杨海丽 刘瑜 郝俊华 著

责任编辑:李筱
封面设计:何东琳设计工作室 张姗姗
责任印制:朱曼丽

出版发行	西南财经大学出版社(四川省成都市光华村街 55 号)
网　　址	http://www.bookcj.com
电子邮件	bookcj@foxmail.com
邮政编码	610074
电　　话	028-87353785 87352368
照　　排	四川胜翔数码印务设计有限公司
印　　刷	郫县犀浦印刷厂
成品尺寸	148mm×210mm
印　　张	6.5
字　　数	162 千字
版　　次	2017 年 12 月第 1 版
印　　次	2017 年 12 月第 1 次印刷
书　　号	ISBN 978-7-5504-2857-7
定　　价	58.00 元

前言

万村千乡市场工程是由商务部2005年2月启动的，工程主要是通过安排财政资金以补贴或者贴息的形式，引导城市连锁店和超市等现代化流通业向农村延伸发展“农家店”，解决农村零售业发展滞后、农村零售市场商品质量低和商品种类缺乏等问题。2005年，重庆市商务委员会依托商务部的万村千乡市场工程，积极进行农村零售网络的改造升级，旨在构建农村现代流通网络，开拓农村市场，扩大农村消费，促进社会主义新农村建设。要构建县—乡—村三级现代流通网络，应在县城建立现代物流配送中心（由主城区知名零售企业承担，通过对其补贴的形式开展前期工作），在乡镇构建中型超市，在农村改建便民店，村和乡镇的工程店的商品80%由县城的配送中心供货，确保商品的供应和质量。而重庆市的农村地区地形复杂、居民居住不集中、交通状况差等条件不利于万村千乡市场工程的推进，致使工程在开展初期就遇到了各种各样的问题。从2009年的调研来看，重庆的万村千乡市场工程的发展存在很多的障碍和困难，导致发展不顺利；但同时也有不少地区的工程店经营得有声有色。2010

年以来，电子商务的发展对重庆农村零售业的影响非常明显。为了更好地掌握在互联网飞速发展的背景下，万村千乡市场工程在重庆农村的发展现状，为重庆市未来万村千乡市场工程的发展提出新的思路，重庆工商大学经济学院贸易经济专业的学生在2014年7—9月，在相关教师的带队下，深入农村地区进行了全面的调研，并写成了相应的调研报告。

本书是重庆工商大学经济学院贸易经济专业开展的重庆市高等学校“特色专业、特色学科、特色学校”项目建设计划（简称“三特行动计划”）特色专业建设活动的成果之一。重庆工商大学贸易经济专业是重庆市级特色专业，开展本项活动旨在让学生在专业教师的指导下参加专业社会实践调研，由此让学生充分掌握专业领域内的一些实际问题，从而引导学生学以致用，提升学生对专业领域的社会认知水平和专业知识的综合运用能力，提高专业人才培养质量。

本次调研选择了重庆市农村地区万村千乡市场工程店作为调研对象，参加的学生来自贸易经济专业、国际经济与贸易专业、会展经济与管理专业，形成14个调研小组，共调查了12个区县（包括万州区、合川区、酉阳县、巴南区、渝北区、南岸区、沙坪坝区、涪陵区、秀山县、巫溪县、大足区和垫江县）共40多个乡镇的50多个乡镇店，70个村的80多个村级店，最后形成了14份调研报告。调研活动主要采取了实地观察法、消费者问卷调查法、对经营者和管理者访谈法等调研方法，主要对万村千乡市场工程店的乡级店和村级店的基本情况、经营状况、环境状况、消费者对店铺的满意度、政府扶持等问题进行分析，并提出了进一步发展的思路和对策。

本次活动由重庆工商大学贸易经济专业杨海丽博士负责总体调研的框架和问卷设计，重庆工商大学贸易经济专业教师刘瑜老师和安阳工学院经济管理学院郝俊华老师负责学生调研组织和具体指导工作，全书由杨海丽博士最后统稿修改。由于作者水平有限，难免对市场的分析深度不够，恳请读者谅解，我们将会继续努力，开展更加深入的学习和研究，在将来取得更好的成果。

最后，要特别感谢重庆市高等学校“三特行动计划”贸易经济特色专业对本次调研的大力支持，也要特别感谢参与调研的全体学生付出的辛勤劳动，还要感谢西南财经大学出版社对本书的出版给予的支持，在此一并表达我们真诚的谢意！

作者

2017 年 1 月于重庆

目录

总报告：

分报告：

总报告：

重庆市万村千乡市场工程调查总结

杨海丽　刘　瑜

2009年课题组对重庆万村千乡市场工程推进情况进行调查，主要目的是充分了解重庆市万村千乡市场工程项目店的经营情况。

一、被调查商户的总体情况

（一）商户商品销售情况

通过两个月的调查和几个月的梳理，万村千乡市场工程调查组的十四个调查队总共调查了12个区县（包括万州区、合川区、酉阳县、巴南区、渝北区、南岸区、沙坪坝区、涪陵区、秀山县、巫溪县、大足区和垫江县）共40多个乡镇的50多个乡镇店和70个村的80多个村级店。

被调查的各商户的总体经营情况一般，其中，有40%的店铺经营业绩较好，与普通店的经营相比，同等条件下，其业绩平均高出20%。从被调查的各区来看，沙坪坝区、南岸区、万州区的经营业绩普遍较好。同时在被调查商户中乡镇店经营效率均高于农村店铺，从平效和人效来看，乡镇店平效是农村店铺的2.1倍，乡镇店的人效是农村店铺的2倍。具体情况如表1所示。

表 1　　各区县乡镇与农村店铺经营情况对比

被调查区县	乡镇数	乡镇店数量	经营状况	农村数	村级店铺数量	经营状况	总体评价	龙头连锁企业
万州区	12	10	中	10	30	良	良	腾龙超市
合川区	6	10	优	2	2	优	优	重客隆超市
巴南区	4	4	优	2	2	优	优	渝百家超市
渝北区	11	15	良	27	27	良	良	重客隆超市
南岸区	7	4	中	20	2	中	中	重客隆超市
沙坪坝区	6	12	中	10	3	中	中	绿优鲜超市
涪陵区	10	5	差	10	10	差	差	重客隆超市
大足区	5	20	优	15	15	中	中	重客隆超市
酉阳县	10	10	良	10	10	良	良	新兴商场
秀山县	5	15	良	5	62	差	差	武陵生活馆
巫溪县	4	7	优	4	4	优	优	巫溪联家超市
垫江县	4	9	优	20	25	良	良	重客隆超市

从表 1 不难看出，在被调查的区县的总体评价中，“中”和“良”的评价较多（共 7 个，约占 58%），有 2 个区县被评价为差（约占 17%），有 3 个区县被评价为优（占 25%）。商店经营情况总体不理想，即便是总体评价为优的商户，其具体的销售数据也不太理想，且大多数商户业主（占 61%）感觉自己的经营情况与万村千乡市场工程的关系并不大。有 20% 的乡镇商户认为加入万村千乡市场工程之前，店面经营利润能达到 10%，销售额每月能达到 1 万元，而加入万村千乡市场工程之后的一段时间内，销售收入和利润均有明显下降。自 2014 年以来，万村千乡市场工程仅仅是一个招牌而已，对店面经营并没有任何影响，商户自主采购、自主经营，销售收入和利润反而不断上升。

（二）商品配送情况

乡镇连锁店、村级便民店的龙头企业主要为重客隆超市。

同时像重客隆这样的龙头企业也负责县城配送中心的改造及乡镇和村级店商品的配送，但是从调查的情况来看，由县级配送中心配送商品的比例偏低，总体低于10%，且配送的商品出现滞销。尤其是村级店依然采用分散采购，主要是到附近的农贸市场进行采购，或者一些商品经销商直接配送到店，商品的来源没有保障。

从乡镇店、村级店的商品配送率与利润的关系来看，基本呈现负相关关系：配送率高的店铺，利润和销售收入均偏低；而配送率低的店铺的销售和利润反而较高。而被调查店铺从2011年开始普遍出现配送商品滞销、配送率下降、店铺自主采购等现象。同时，配送率的下降也导致了配送的成本上升。由于配送的效率下降，配送中心不愿意到乡镇店配送，更不愿意到村级店配送。

截至2015年3月，100%的被调查商户均已经没有总部的配送。

二、被调查消费者的总体情况

从被调查的消费者方面来看，消费者对万村千乡市场工程给他们带来的福利没有任何感受，甚至有很多消费者没有听说过这一工程。所以，总体上说，万村千乡市场工程给消费者带来的积极影响较小。

（一）消费者对工程店的认同程度

调查队总共调查了重庆市12个区县的3 000位消费者，其中农村消费者1 300位，乡镇消费者1 700位，消费者的总体文化程度较低，89%属于初中以下文化程度，本身认知水平有限，对国家政策不够关注。同时，调查结果也反映了农村消费者在日常消费过程中的关注点，即他们更关注商品的价格，对商品质量的关注都不太高。具体情况如表 2 所示。

表 2　对消费者的调查

被调查区县	知道万村千乡市场工程的消费者占比	对万村千乡市场工程店的满意度	购物时最关注的问题	对万村千乡市场工程店的评价
万州区	7%	低	价格	没有意义
合川区	4%	低	价格	价值不大
巴南区	5.5%	中	价格	没有意义
渝北区	7%	中	价格	没有意义
南岸区	6.1%	中	价格	没有意义
沙坪坝区	7%	中	价格	没有意义
涪陵区	5%	中	价格	没有意义
大足区	3%	低	价格	价值不大
酉阳县	5%	中	价格	价值不大
秀山县	6%	低	价格	不关注
巫溪县	5%	中	价格	价值不大
垫江县	7%	中	价格	没有意义

表 2 是对调查结果的一个总结和整理。在被调查者中，听说过这一工程的消费者觉得，这一工程对店铺的商品没有太大的影响，对消费者购买的影响更小。调查队在对酉阳县进行调查的过程中发现，有 80% 的村级工程店属于村干部垄断型的，也就是说当初为了获得政策补助，村干部自己及亲戚朋友参与开设万村千乡市场工程店，拿了补助，自己经营。很多消费者和尚未加入这一工程的店铺经营者则没有听说过有国家补助和政策鼓励。

调查发现，消费者根本不关心商店是否属于政策支持型，他们更加关注商品价格。

有3%的店铺经营者特别希望开设一个与众不同的便民店，希望通过工程项目的引导提高总部配送率，来为消费者提供更有保障的商品和高质量的服务，尤其是农药、化肥和食物等商品。结果他们在经营的几年里发现，在农村市场，商品的高质量永远不如低廉的价格更受欢迎。他们从配送中心进货的商品质量比在农贸市场或者一些小加工厂、小经销商进货的商品质量更好，但根本没有人购买，因为价格高，其实单价只高几毛钱。

（二）农村消费市场特征与万村千乡市场工程

在被调查的十二个区县乡镇和村的消费者中，90%是女性，且年龄比较大，文化程度比较低。这一特征与农村市场的特征相符合，因为农村很多家庭的青壮年男性都出去打工，农村常住居民主要是妇女、儿童和老年人。在乡镇市场这一情况稍微好点，但是在整体居住结构中，妇女、儿童和老年人的比例依然很高。

这一特征对商品的需求结构有明显影响。这一群体的消费者对国家政策的关注度较低，同时，他们在消费过程中更关注商品的价格，所以不会关注店铺是否有国家扶持、是否有质量更好的商品。这一特征不利于万村千乡市场工程店业务的开展。

三、重庆万村千乡市场工程实施的意义和价值分析

万村千乡市场工程是商务部为提升农村零售业经营水平，推进农村零售业改革而推行的一项重要举措。政府通过现金补贴、贷款贴息等方式而开展工作，希望升级农家店，为农村消费者提供更好的商品、更专业的服务。通过最初几年的发展，万村千乡市场工程确实取得了一些成绩，尤其是2005—2010年，在全国培育出上百万家连锁型“农家店”，其在行政村的覆

盖率更是高达 80%，而在镇一级的覆盖率高达 100%，从形式上实现了县—乡—村三级连锁，形成了农村现代化的流通网络。

至 2015 年，万村千乡市场工程开展了十年，从全国范围来看，取得了一些成绩，同时也暴露出一些问题，区域差距明显。在河北、山西、山东等地的经营效果明显好于云贵川渝等地区。而从本次调研的情况来看，重庆万村千乡市场工程的效果确实很不理想，但是这并不能掩盖万村千乡市场工程对农村零售市场改造的深远意义和伟大价值。

（一）有助于推动重庆农村零售业发展水平的不断提升

从调查和访谈的相关资料中可以看出，尽管万村千乡市场工程目前在经营中没有充分发挥其作用，但是从长期来看，这项工程的推进，对重庆农村零售业发展水平的提升有一定的引导作用。重庆与北方平原地区不同，其地形为多丘陵山脉，交通不便利，且农村的村级单位小，村与村之间的距离远，这些特征决定了重庆农村商业发展的特殊性，因为商业大发展的前提是人口高度集中，在人口不集中的地区，如果依靠市场力量来发展商业，则其发展速度相对缓慢。而河北、河南、山东以及东部地区的农村地处平原，交通便捷，与城市之间的空间距离较短，农村商业单独依靠市场力量，能够快速发展，城市新的经营观念能够较快地引导农村经营方式。从这个方面来看，万村千乡市场工程项目在重庆的意义，远远大于平原地区。政府通过这一工程，可以将先进的零售业经营理念引入农村，同时可以保证农村便民店能采购到优质的商品。

（二）有利于引导重庆农村消费者树立正确的消费观念

重庆市农村经济发展相对落后，农村消费者的消费观念相对落后，消费者接触新思想和新观念的机会少。政府通过万村千乡市场工程项目，为农村消费者提供优质商品，尤其是日用品、食品和农资产品。通过各类宣传教育，让农村消费者，尤其是交通不便利、购物难的地区的农村消费者，有机会接触质优价廉的好商品，逐渐改变消费者盲目追求价格的消费习惯。从调查资料来看，万村千乡市场工程在改善消费者消费习惯方面有一定的作用。具体数据如表3所示。

表3 万村千乡市场工程对消费者消费观念改变的情况表

被调查消费者所属区县	工程项目改变了我的消费观念	工程项目的宣传与教育活动	希望工程项目能经常组织活动	你喜欢工程店吗
万州区	40%	很早以前有过	希望组织活动	无所谓
合川区	51%	没有	希望经常有活动	无所谓
巴南区	32%	很早以前有过	希望经常有	不关心
渝北区	40%	没见过	希望经常有	不关心
南岸区	45%	没有	无所谓	不短信
沙坪坝区	50%	没有	经常有活动，可以帮助我们	如果能提供质优价廉的,我就喜欢
涪陵区	61%	没有	无所谓	有好商品，肯定优先选择
大足区	55%	很早以前有过	有活动，对老百姓有好处	不关心
酉阳县	47%	没有	希望多组织一些活动	不关心
秀山县	41%	很早以前有过	希望多组织一些活动	不关心
巫溪县	52%	很早以前有过	希望加大宣传力度	不关心
垫江县	58%	很早以前有过	希望有活动为农民提供帮助	无所谓

通过上表可以看出，万村千乡市场工程的实施，对农村消费者消费观念的改变有一定的影响，但是并没有发挥到最大效应，主要原因是工程项目的宣传教育缺失，工程店在消费者心目中的地位没有建立起来。如果能解决这些问题，在农村开展一些零售类项目（以万村千乡市场工程为基础），则对重庆农村

消费者消费观念的改变和提升，有一定的积极作用。

（三）有利于城乡商贸统筹发展

农村经济是社会主义市场经济的一部分，农村经济的繁荣是社会主义市场经济迅猛发展的基础，同时从目前经济发展的现状来看，农村经济对国家经济发展的作用越来越重要。农村商贸发展也不是孤立的，城乡商贸流通统筹发展也是社会商贸发展的基础，也是国内目前商贸发展的趋势。重庆地区城乡商贸发展不平衡现象非常严重，城乡商贸统筹发展显得更加迫切，而提升农村商贸流通发展水平，是城乡商贸统筹发展的措施。实施万村千乡市场工程对提升农村商贸流通水平、将城市先进的流通理念引入农村有着重要作用。同时，利用万村千乡市场工程的物流配送网络和返空车辆，将农村剩余农产品运到城市连锁超市的配送中心，进行检验检疫、贴标，然后送入超市进行销售，可以提升农产品的市场竞争力，从而提高农民的收入水平，推进城乡商贸互动发展。

以万州为例，作为城乡商贸统筹发展的试点区县，其在城乡商贸统筹发展方面有其独特的优势，万州区借助这些基础优势，趋利避害地提升商贸发展的能力。在区位优势方面：首先，地理位置优越。万州上距重庆 327 千米，下距宜昌 321 千米，北距安康 350 千米，南距黔江 300 千米，以万州为中心，半径 300 千米的范围内，其是唯一一个城市人口超过 50 万人的城市，可辐射 1 000 平方千米，共 2 000 万人口，具有建设区域性商贸流通中心的广阔空间和腹地，其地位和作用是其他城市无法替代的。其次，交通便捷。万州拥有机场、铁路、高速公路、长江水道和深水码头，同时与重庆主城之间正在修建高铁和轻轨，水陆空立体交通网络基本形成，初步形成“一江两岸、三大片区、八大组团”的大城市格局，这些都为区域性商贸流通中心的建设奠定了坚实的发展基础。最后，发展速度快和政策优势并存。近年来，万州大力推进工业的发展，由此带动了一批商贸物流服务企业的形成，有力地带动了万州城乡商贸业的发展。同时，与中央政策相匹配，万州区出台政策支持发展大商贸市场。以此为基础，万州区趋利避害提高城乡商贸统筹发展的能力，主要表现在以下几个方面：

（1）构建城市综合服务功能区，发挥城市商圈的带动作用。万州实现了消费市场繁荣活跃、消费水平不断提升、消费结构快速调整、商贸经济持续高位增长；重点培育福斯德购物广场、颐高数码城、老万州不夜城、后街金座广场等大型购物中心；通过引进沃尔玛、肯德基、福建永辉等国内外知名企业、著名品牌入驻，逐步打造集商业购物、酒店餐饮、金融物资、商务办公、文化娱乐等功能为一体的城市综合服务功能区。

（2）推动市场集群发展，构建多元城乡一体化的大市场。万州为了统筹城乡商贸发展，繁荣商贸市场，主要以市场建设与培育专业化、特色化和规模化市场为导向，立足建设渝东北和三峡库区大市场，促进城乡市场一体化。主要以调整市场结构、加快培育大型专业市场和打造一批特色商业街为重点。一方面抓好小天鹅、宏远、商贸城、银河等大型综合批发市场的结构调整和升级，增强对外聚集辐射能力；另一方面重点发展三峡中药材物流中心、光彩大市场、三峡国际车界、鄂渝钢铁、渝东农副产品批发市场五大专业市场，建成三峡库区中药材、建材、汽车销售、钢材、农副产品交易中心。同时，打造双白鹿精品一条街、观音岩汽车销售一条街、王牌路火锅一条街、北滨大道餐饮服务休闲一条街四条特色街，并使之成为城市商业文化名片。

（四）有助于构建农村双向流通网络

万村千乡市场工程的实施有利于完善商贸流通体系，包括商贸流通业的法律、法规、政策等相关的服务体系和专项配套措施，尤其是农村商贸流通业发展的配套支持措施和商业设施的建设，以及农村商贸流通业发展的支持措施，从而推动农村商贸业快速发展，并以此加强城乡互动，以城带乡，促进城乡互动协调发展。

以垫江为例，实施“工业品下乡，农产品进城”，畅通农产品流通渠道。为了畅通流通渠道，垫江县大力推进道路建设，包括村级、乡级及县级道路的建设，构建四通八达的道路网络，为产品“双向流通”打下基础。为推进农产品进城，进一步提高农产品附加价值，组建了各种各样的农业专业合作社，如引进重庆红九九在某地建立辣椒基地，并探索了一些适合本地发展的新模式。此外，垫江依托现有的交通优势打造商贸流通中心。垫江有两条高速公路，一条是重庆到上海的沪渝高速公路，另一条是从成都到上海的沪蓉高速公路，以垫江为中心，40 分钟可以达到大足、广安、梁平、丰都、忠县。同时，垫江是重庆市最早的乡乡通公路的县，现在每一个村都通了公路。垫江有 400 万城乡人口，可依托现有条件，打造商贸流通中心。

（五）有利于改善农村消费环境

区别于以往的农家店，重庆万村千乡市场工程将城市连锁企业向农村转移，为农村带来丰富的零售业经营形式。农家店在工程店项目资金的支持下被改造成连锁店的形式，其中的陈列更加科学合理，商品采购配送由总部统一进行，并能与通信、机场、物流等多种机构合作，构建多功能的连锁零售机构下的现代店铺，在农村可以开展话费充值、手机销售、代收包裹、订火车票等多项业务。与此同时，改造好的农家店扩大了商品经营范围，销售的商品不仅包括生活用品、食品，还增加了药品销售、各类充值服务等附加功能。通过统一布局、统一服务、统一定价，农家店安装了收款机，使村民购物更加便利，同时也保障了居民购物的安全。

同时，总部还可以为农家店策划各类节日活动，有助于提高农家店的销售量，丰富农民的购物活动，从总体上改善消费者的消费体验。

四、重庆万村千乡市场工程实施存在的问题

从调查的数据资料和访谈的结果来看，自2007年以来，重庆万村千乡市场工程在实施过程中取得了一些成绩，同时也出现了很多问题，例如，销售业绩差、店铺数量少且分布不均、管理不到位等。具体情况如下：

（一）重庆万村千乡市场工程店的经营水平低下

重庆万村千乡市场工程店的总体销售业绩较差，而且增长不明显，店铺的平效（万元/平方米/年）和平均人效（万元/人/年）数据较差。2013—2014年万村千乡市场工程店（乡镇与村算平均数）的各项指标具体表现如表4所示。

表4　2013—2014年万村千乡市场工程店各项指标

区/县	平效（万元/平方米/年）	人效（万元/人/年）	单品销售额（万元）
万州区	0.9	13	0.1
合川区	1.1	15	0.2
巴南区	1.3	15.7	0.31
渝北区	1.0	12	0.15
南岸区	0.5	7	0.08
沙坪坝区	1.0	13.7	0.2
涪陵区	0.3	6	0.04
大足区	0.9	13.2	0.09
酉阳县	0.6	9	0.07

表4(续)

区/县	平效（万元/平方米/年）	人效（万元/人/年）	单品销售额（万元）
秀山县	0.3	5.9	0.03
巫溪县	1.3	15	0.3
垫江县	1.0	12.9	0.2

表4中的数据是通过调查问卷并经整理计算得到的，有一定的代表性。从2014年连锁经营协会相关数据中可以查到，重庆市内新世纪连锁超市的平效为2.7万元/平方米/年，人效为145.5万元/人/年，单品销售额为0.9万元。以此来看，农村地区的万村千乡市场工程店的经营水平仍非常低下；即使与重庆重客隆超市主城区社区连锁店的平效2.1万元/平方米/年，人效89.1万元/人/年，单品销售额0.61比，农村地区万村千乡市场工程店的经营水平也处于很低的水平。从调查提供的销售额数据来看，销售业绩水平仍非常低下，年销售额一般为10万~20万元，按照8%的净利润来计算，净利润为1万~2万元。

（二）政策扶持和资金资助不具有持续性，且监督不力

从调查资料和访谈记录来看，重庆农村万村千乡市场工程的政策扶持不具有可持续性。在万州、垫江、大足、涪陵等区县，万村千乡市场工程从2005年开始，陆续在乡镇和农村改造农家夫妻店。政府曾经给予过农村地区万村千乡市场工程店一些资金和政策的鼓励，且在店面改造初期，也有2个月的指导和商品配送，但后来缺少了专业人员进行指导，更没有后续的资金支持。而在有些地方如巴南区的农村，在2012年有专人到农村位置较好的夫妻店挂牌，除挂了万村千乡市场工程的牌子外，并没有任何政策、资金的扶持和经营上的指导。更有甚者，如巫溪和秀山的几个村的工程项目扶持金全部被村干部拿走，

而万村千乡市场工程的推进和实施却没有进展。

在调查的过程中发现，万村千乡市场工程的推进和实施的效果较差，总体上属于形式上的，有30%的店铺经营不错，却与政策、资金扶持和政府的专业经营指导无关。因此，总体上万村千乡市场工程的政策扶持、资助资金的使用存在一些问题，如果进一步推进则仍需制定一套切实可行的措施，且要注重后续的长期扶持，尤其是重庆大部分山区的农村商业发展，更需要政府的优惠政策、专项资金和专业的长期的经营指导。

（三）万村千乡市场工程店的覆盖率偏低，店铺数量偏少

在2009年的万村千乡市场工程推进情况调研中，重庆万村千乡市场工程的覆盖率总体达到98%，而且当时地方政府对这一工程的重视程度非常高，相关部门在专门推进这一工程。而从2014年的调研来看，万村千乡市场工程店在乡镇和农村的覆盖率很低，在50%的农村和乡镇找不到一家工程店。在2005—2009年有专项资金扶持的万村千乡市场工程店中，有50%的店铺牌子已经被去掉。在调查的过程中发现，2009年至今，这一市场工程的扶持没有可持续性，被调查店铺的老板称："万村千乡市场工程已经没人管了，牌子是以前挂的，对店铺经营没有任何意义。"有些乡镇2012年才开始挂牌，但是挂牌店铺没有得到任何专项资金的扶持、经营上的指导、配送中心的商品配送，也没有得到政策上的支持。巴南区南彭镇、安澜镇等地的万村千乡市场工程店不但没有增加，2007年挂牌的不多的几个店，也陆续摘掉了牌子。

总之，从本次调查情况来看，重庆万村千乡市场工程店的整体覆盖率偏低，店铺经营不专业，店铺总体数量很少。

（四）重庆万村千乡市场工程项目没有形成成熟的经营模式

重庆万村千乡市场工程项目自2005年实施以来，已经开展了11年，但经营仍然处于相当原始的状态和水平，11年来，没

有形成一种合理的运行机制，如总部如何管理加盟店铺、政策如何扶持、商品配送比例的控制、店铺的销售指导、销售任务、农家便民店的员工的培训等。重庆万村千乡市场工程的开展依然处于比较原始的状态，依然是挂牌开店，而对店铺缺乏管理，店铺经营的好坏和市场工程没有关系，店铺的采购总部没有进行任何管理，店铺的运营处于松散的状态，这一现象在重庆非常普遍。

五、对策与建议

从政策支持项目（如家电下乡）来看，重庆万村千乡市场工程耗资大、时间长且效果最差，收益较低。而从政策和农村消费者的层面来看，万村千乡市场工程是需要的，如果要让这一工程充分发挥作用，让农村消费者和商户从中真正受益，提升农村商业经营水平，改善农村的消费环境，真正构建“县—乡—村”三级生态零售网络，则系统解决问题是关键，主要从以下几个方面入手：

（一）提升重庆市工程店的总体经营水平，不断培育工程店的竞争优势

重庆市万村千乡市场工程店的经营水平总体偏低，因此竞争优势不明显，重庆市商委要积极提升工程店的经营水平，具体步骤如下：第一，进行系统全面的调查，充分了解村级店和乡镇店铺的经营情况、工程项目的后期指导情况。第二，掌握情况后，根据问题，逐个分类并解决。如果涉及资金问题，则逐步建立后期资金扶持政策，帮助农村和乡镇零售店的发展。对于人口过少的村或者乡镇，可以实行流动零售的方式。如果是缺乏经营指导，则要建立长期的机制，进行定期经营指导。第三，通过调研，对现有工程店的经营情况进行排序，将好的

店铺建设成样板店，最好在乡镇建立不少于五个样板店，在村建设不少于十个样板店，并逐次让其他工程店参观学习，并给予专门的经营指导。第四，建立机构，定期了解工程店的情况，熟知每个店的经营情况。

（二）商业部门要重点关注万村千乡市场工程的资金使用情况

从调研的情况来看，资金缺乏和资金使用不合理问题，是一个广泛存在而严重的问题，90%的区县存在后期支持资金不足和资金被占用的情况，也有不少店铺“挂羊头卖狗肉”，即为了获取政府的补贴而挂牌，但是经营没有任何改变，依然是夫妻店式的自有采购，商品质量没有保障。调研中发现40%的村级万村千乡市场工程店由村支书及其亲戚开设，据相关村民反映，村级领导为了获取支持资金，而让其亲属参与工程店，而其他人没有机会开展此项业务，因此，工程店的开设有失公平，成为工程店下一步发展的障碍。相关部门对此应该进行管理，让工程店的扶持资金去向更加明朗，为农村商业发展做出更大的贡献。

（三）依托万村千乡市场工程项目，加强政策措施配套，推动重庆农村商贸快速发展

进一步出台和落实农村商贸流通业发展的扶持政策，同时适当增加商业发展资金和产业发展资金，增强农村商贸企业发展的后劲。解决村级便民店各种证件办理的问题，缩短时间、减少程序。政府应该扶持、培育一批商贸服务企业大集团、大公司。对各级政府出台的商贸服务业发展政策，应不折不扣的贯彻执行。主城和渝西享受的政策，重庆市各区也应同时享受。支持服务业向乡镇发展，建立乡镇服务网络体系。

分报告：

重庆市万州区万村千乡市场工程调研报告（一）

李　洁[1]　王敬慈[2]　岳冠圻[3]

调查时间： 2015年1月14日—3月9日

调查地点： 重庆市万州区各乡镇

调查手段： 实地调查

一、被调查商户的经营情况分析

（一）被调查商户的基本情况介绍

1. 白羊镇双石乡腾龙超市

位于万州区白羊镇双石乡场上的腾龙大超市，是我们调研的第一家万村千乡市场工程店。该店位于双石乡主干道的一条支路上，紧邻双石乡主要居民区，是新农村建设在零售领域的一小部分。

该店2008年加入云阳腾龙公司，正式挂牌成为一家万村千乡市场工程便民店。该店总经营面积约70平方米，主要存放了

---

① 李洁系重庆工商大学贸易经济专业2012级2班学生。
② 王敬慈系重庆工商大学贸易经济专业2012级2班学生。
③ 岳冠圻系重庆工商大学贸易经济专业2012级1班学生。

四组货架，有两个出入口，店铺布局很规范，如图 1 所示。

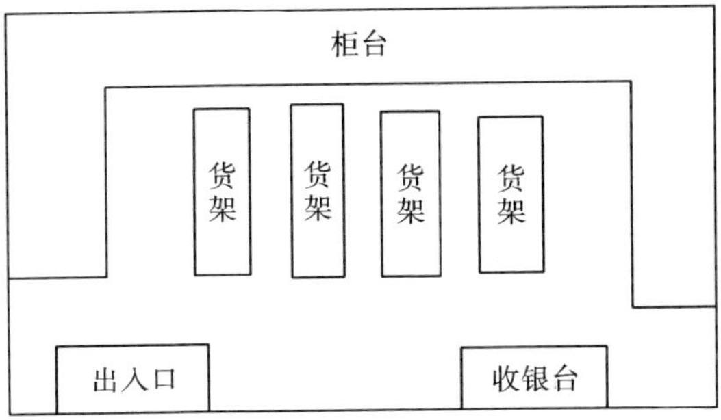

图 1　双石乡腾龙超市布局示意图

该店主要经营百货、日杂、五金等商品，商品种类约 200 种，其进货渠道主要是自己进货，据老板讲，镇里无配送中心。该店客流量相对较小，平时人流少，但逢赶场时人流比较多，客流量具有不稳定性。该店装修比较陈旧，员工仅两人，且都为自家人，因此无固定工资分配，员工流动性也为零。对于我们的调研，老板积极配合，回答了我们的相关问题。该店老板对商务部万村千乡市场工程项目非常了解。起先该老板也是做百货零售，后来被纳入腾龙公司万村千乡双建工程项目。

在得到的帮扶和支持方面，老板说并没有得到过政府的补贴，腾龙公司在最初送了他们一套货物架、一个电子秤，并把他们原来的招牌统一换成了腾龙超市的牌子，并标注万村千乡市场工程店。

然而，本以为被腾龙超市统一纳入怀抱的连锁超市能够走上正轨，实行统一规划、统一领导，但事实上却发展得不好。在参与万村千乡市场工程之后，店铺的经营模式根本没有发生变化，销售业绩也没有明显上升。但老板安于现状，表示也不会主动退出这一项目。

2. 长岭镇响滩社区腾龙超市

位于长岭镇响滩社区的腾龙超市，处于乡镇公路主干道的交叉路口，紧邻公交车站，人流量很大，日均约 300 人。该店经营总面积约 60 平方米，商品种类约 180 种，主要为副食和百货。该店布局如图 2 所示。

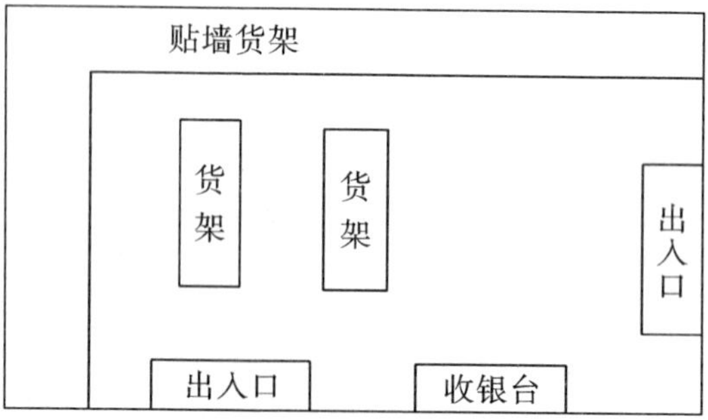

图 2　响滩社区腾龙超市布局示意图

该店员工共有四人，且均为一家人，因此无固定工资分配，员工流动性也为零。该店于 2009 年加入云阳腾龙公司，挂牌成为万村千乡市场工程店。

由于该店地理位置比较好，我们详细询问了其在加入万村千乡市场工程之后的改变情况。跟双石乡便民店雷同，该店在挂牌之初也受赠腾龙公司一组货架和一个电子秤，但没有拿过政府的补助。

在经营过程中，万村千乡市场工程的政策没有落到实处，他们的经营模式没有发生根本变化，销售业绩也没有明显改善。对于进货渠道，老板坦言是自己进货，由批发部配送，所有运输成本由自己承担。尽管如此，与上一家相同，老板也没有退出万村千乡市场工程这一项目的想法，但希望腾龙公司能把他们的门面翻新，在经营上多给予他们支持。

3. 长岭镇双龙村腾龙超市

位于长岭镇双龙村的腾龙超市，也是一家加入云阳腾龙公司、挂牌万村千乡市场工程店的商户，该家老板积极配合了我们的调研。

双龙村位于长岭镇主干道，而该店就在主干道边，但由于居民很少，人流量也很少，日均约 50 人。该店经营面积不大，约 30 平方米，商品种类约 100 种，主要为副食品和日用品。该店布局如图 3 所示。

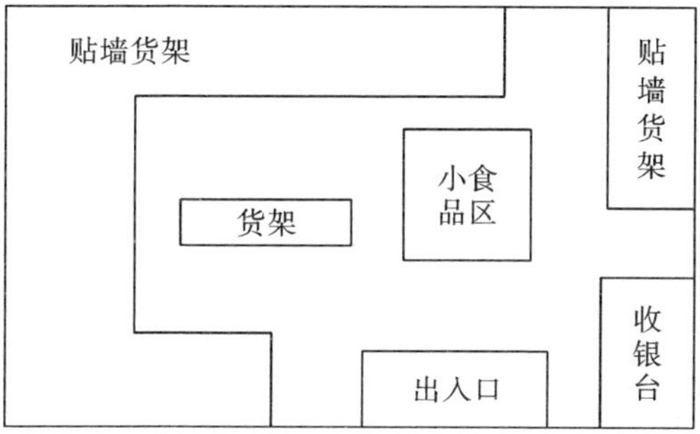

图 3　双龙村腾龙超市布局示意图

该店由老板夫妻二人经营，因此跟其他店铺一样，员工无固定收入，员工流动性也为零。

该店信誉度高，2008 年加入了腾龙公司。起先，腾龙公司也是送给他们一组货架、一个电子秤，另外还配给了一部农业银行 POS 机，故这家店可以刷卡消费。但实际上来刷卡消费的客人几乎没有，据老板娘坦言，一年最多能刷卡 1 000 元。

在经营过程中，他们很难说清遇到了什么困难，对于国家在万村千乡市场工程方面的政策落实情况无从感受。他们自己进货自己销，感觉无组织、无领导、无帮扶。经营和销售在加入这个项目后没有任何变化。老板娘坦言在刚开始的几年，云阳腾龙公司的人员还特意到他们店里考察，询问经营情况，但是最近几年却杳无音信。

4. 调研总结

我们总共调研了10家万村千乡市场工程店，分别是双石乡腾龙便民店、凉水乡腾龙超市、响滩社区腾龙超市、双龙村腾龙便民店、分水镇腾龙超市、高梁镇腾龙超市、李河镇腾龙超市、熊家镇腾龙超市、龙驹镇腾龙超市、太平乡腾龙超市，全部为云阳腾龙公司旗下的超市以及便民店。

上述三家店铺是我们调研的典型。据了解，位于万州区各乡镇的腾龙超市均为国家万村千乡市场工程店，因此，我们不得不对云阳腾龙公司展开调研。

云阳县腾龙商贸有限公司成立于2003年10月1日，是一家集酒店，超市经营服务，蔬菜生产、加工、销售为一体的综合性民营企业。其中，超市主要经营副食、百货、文具、生鲜、熟食、蔬菜、水果等50多个大类共18 000多个品种。2006年6月，商务部核准了重庆市2006年度实施“万村千乡市场工程”的10个试点区县（市）和具体实施该项目工程的6个龙头企业。云阳县被列为试点县之一，该公司也被商务部授予实施该项目的龙头企业。2006年，该公司“万村千乡市场工程”正式启动，发展了100多个农村超市，在万州、合川、梁平、奉节等市县开发筹建加盟店1 680多家。

到目前为止，云阳腾龙公司已在云阳建有镇级连锁店20家，放心便民店312家；在万州建有镇级连锁店8家，放心便民店160家；在梁平县建立镇级连锁店12家，放心便民店167家；在奉节县建有镇级连锁店8家，便民店110家；在重庆主城杨家坪建立了“重庆土特产专卖”超市经营店一个。

（二）商户销售业绩分析

对于店铺具体的销售业绩，绝大部分店主不愿意透露。

据调查，30%的商店地处人流量不是很大地段，平时几乎无客流，只针对周围固定的人群，在逢年过节或赶场时人最多，这样的店铺一年的销售额在6万~10万元，净利润大约在2万~4万元。70%的商店所处的地理位置相对来说比较好，人流量比较大，客源比较广，这样的店铺一年的销售额在9万~15万元，净利润大约在5万~9万元。具体情况见表1、图4所示。

表1　万村千乡工程商户2014年销售额统计表　单位：元

	1月	3月	6月	8月	10月	12月
双石店	8 000	7 000	7 500	7 600	7 900	8 300
响滩店	13 000	12 000	11 500	12 500	11 000	13 000
双龙店	10 000	9 000	10 000	11 000	9 000	12 000

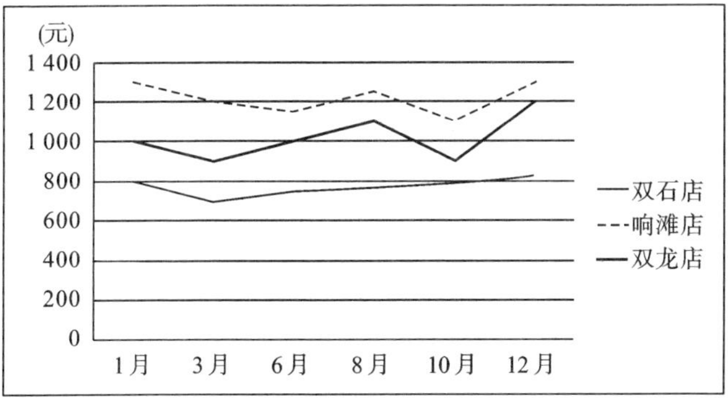

图4　万村千乡工程商户2014年销售额统计图

从调查数据来看，万村千乡市场工程店的销售业绩整体平稳，但相对于镇级以上零售店铺来说销售业绩整体偏低，其受客流量、消费观念、购买力的影响较大。农村中的常住人口多为留守儿童和老人，其购买力相对于中年人来说相对偏低，而且大部分人对于去超市购物与去农贸市场购物没有特别要求，因此，乡镇零售业的发展的拉动力一直不强。

（三）万村千乡市场工程给乡镇级农村零售业带来的变化

万村千乡市场工程项目启动至今已有10年，参与该项目的乡镇连锁店不在少数，但实际运行情况却不容乐观。

据调查，几乎所有商户都没有拿过所谓的“补贴”，唯一得到的帮扶就是一组货架和一个电子秤。有的商家推断，云阳腾龙公司申请了国家万村千乡市场工程的名额，然后把这些小商店纳入这些名额中以获取补贴，却不发放给他们，但是此言论未经证实。这些商家不是不了解国家的政策，而是不知道向谁寻求帮助，他们像一群散落在各个乡村的孤儿，能靠的只能是自己。自己进货自己销售，沿用从前的模式，从某种程度上说并没有促进农村零售商贸业的快速发展。

同时，农村零售业发展也很滞后，很多商品都出现短缺，例如销售酸奶的商家在整个白羊镇就只有一家。虽然现在已经实现村村通公路，大量商品已经流入农村，但是农民的购物意识并不强烈，来自城里的商品的销路也不是很好，例如一袋雀巢奶粉可能一个月都销不出去。

简而言之，万村千乡市场工程并没有给乡镇级农村零售业带来明显变化，万村千乡市场工程名存实亡。

二、被调查消费者的消费情况分析

（一）消费者的基本调查分析

1. 消费者地域特点

在调研中我们发现，万村千乡市场工程店的消费者的地域分布有一些特点。乡镇一级的万村千乡市场工程店的消费者分布的地域特点有：

第一，消费者多住在万村千乡市场工程店附近。

第二，消费者经常性地在本店购物。

第三，消费者分布相对集中。

第四，个别万村千乡市场工程店（如分布在交通要道或高速路口）的消费者多为外地人，或经常跑运输的司机。

村一级的万村千乡市场工程店的消费者分布的地域特点有：

第一，消费者多住在万村千乡市场工程店附近。

第二，消费者经常性地在本店购物。

第三，消费者多分布在乡镇的偏远地区。

第四，由于重庆独特的地形特征，消费者分布较为分散。

2. 消费者分析

第一，消费者收入分析。根据消费者填写的调查问卷可知，消费者的收入水平和万村千乡市场工程店所分布的区域关系密切。在乡镇，来店消费的消费者的收入较高，而在偏远的农村，消费者的收入水平整体较低且差异较大。

根据调查问卷，乡镇和农村消费者收入分布如表 2 所示。

表 2　　消费者收入分布表

	1 800 元以下	1 800~2 499 元	2 500~3 199 元	3 200~4 999 元	5 000~5 199 元	5 800 元及以上
乡镇	16%	23%	36%	12%	8%	5%
农村	24%	33%	28%	7%	5%	3%

根据表 2 绘制出大致的消费者收入折线图如图 5 所示。

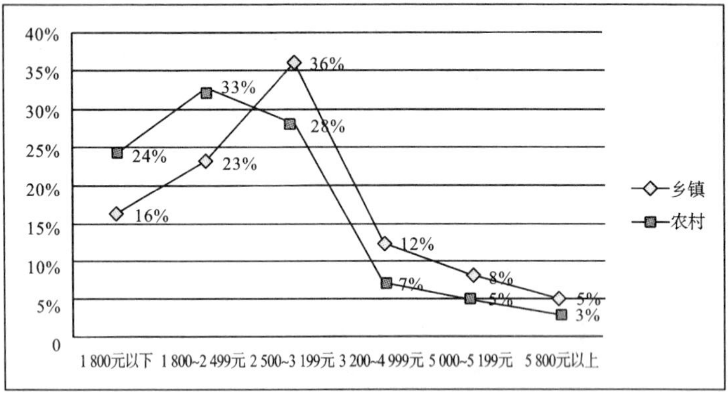

图 5　消费者收入分析

第二，消费者年龄分析。由于万村千乡市场工程店多分布在乡镇和农村，而现代都市发展较快，青壮年劳动力进城工作的较多，留在乡村的多为青少年、妇女或老人，且来万村千乡市场工程店购买日常用品的妇女较多，因此年龄和性别分布都较为集中。具体分布见表 3。

表 3　　消费者年龄分布表

年龄	18 岁以下	18~28 岁	29~36 岁	37~46 岁	46 岁以上
比例	21%	17%	12%	18%	32%

根据表 3 绘制出消费者年龄分布饼状图，如图 6 所示。

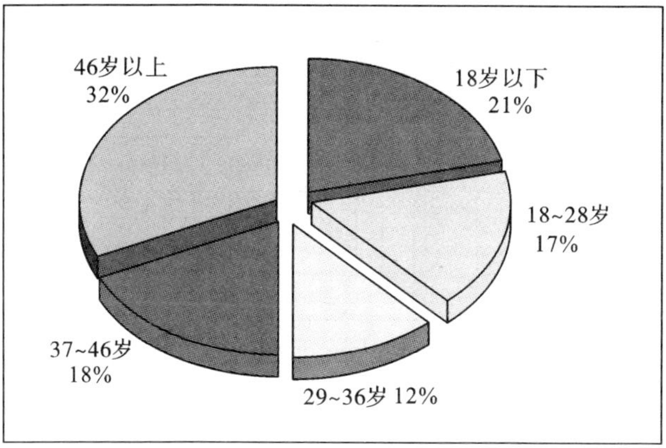

图6　消费者年龄分析

第三，消费者学历分析。从调查问卷来看，消费者的学历整体程度偏低。在乡镇，消费者多为高中学历；在村里，消费者多为初中学历。具体分布见表4。

表4　　消费者学历分布表

	小学	初中	高中	大学	研究生
乡镇	16%	31%	48%	4%	1%
农村	23%	46%	28%	2%	1%

根据表4绘制出消费者学历分布柱状图，如图7所示。

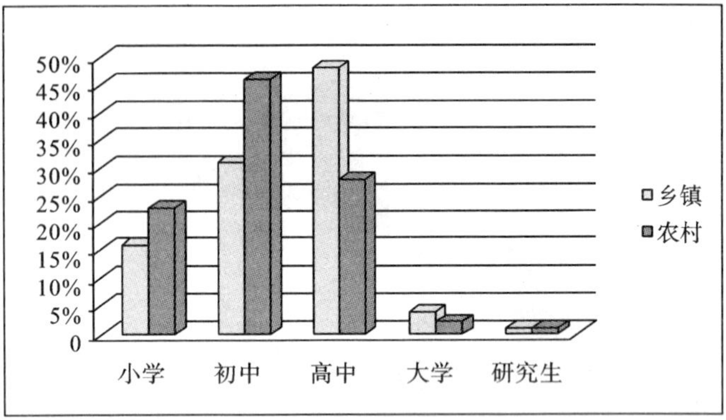

图7　消费者学历分析

（二）消费者对万村千乡市场工程的基本认知

1. 消费者对万村千乡市场工程的认知度

调研中我们发现，82%的消费者并不知道万村千乡市场工程店，或者只是知道经常光顾的店家外面挂有万村千乡市场工程店的牌子，却不知道其代表的意义。而其中的大多数并不关心经常购买的商店是否是万村千乡市场工程店。具体情况如图8所示。

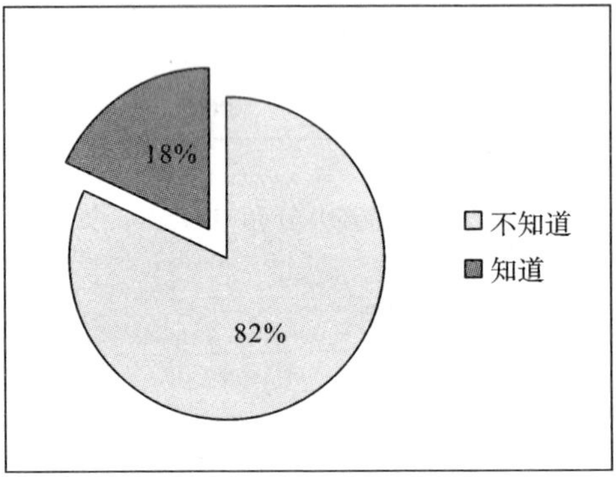

图8　消费者对万村千乡市场工程认知度分析

他们表示，选择哪家店购买日用品主要看店里商品的价格是否便宜、质量好不好，而并不关心商家的性质是否是万村千乡市场工程店。

谈及关于万村千乡市场工程店的一些政府补贴政策时，消费者们更是无从知晓。在信息相对闭塞的农村地区，很多消费者更是从来没有听说过这一工程。

针对万村千乡市场工程是否真正改善了消费者周围零售市场的经营环境这一问题，许多人给出的答案为不知道。具体情况如图 9 所示。

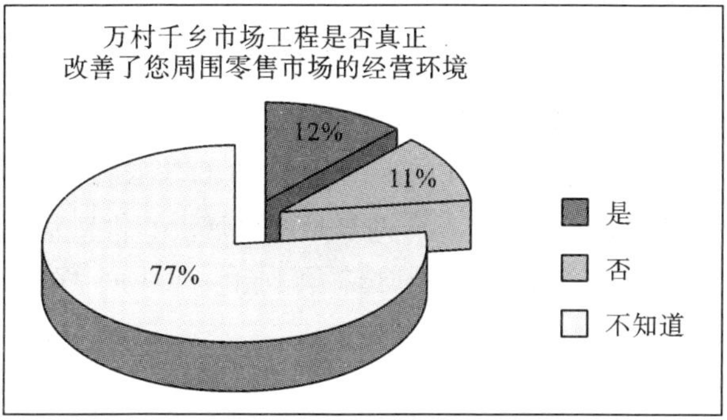

图 9　万村千乡市场工程对经营环境的影响

当问到万村千乡市场工程店的商品的价格、质量和齐全程度等问题时，大多数消费者表示与普通的商店没有太大区别，个别商品会比较便宜，但是整体差异不大。

因此，大多数的消费者并不关注万村千乡市场工程店以及其店内特点和货品摆放特点，也不关注其与其他商店的差别。

2. 购买频率

由于万村千乡市场工程店多经营家庭日用品和常见食品，加之当地商店较为稀少（一般情况下，一个村只有一两家商店），因此，消费者的购买频率较高，大多数消费者的购买频率基本为一周至少三次。具体情况如图 10 所示。

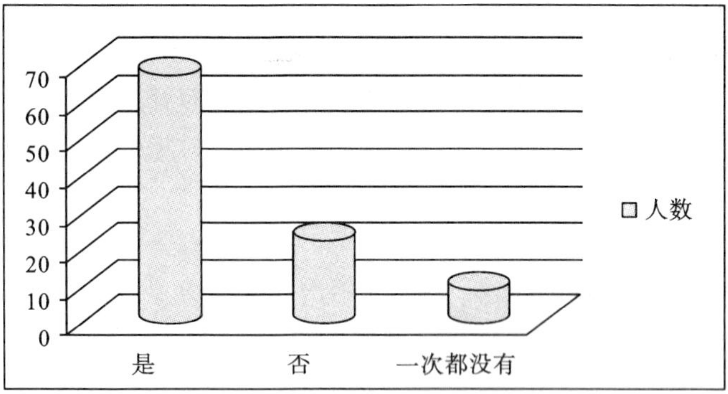

图 10　是否经常到店购买商品

3. 是否主动选择万村千乡市场工程店

乡镇一级的万村千乡市场工程店的分布较农村更密集，消费者是否到店购买的主要参考因素是距离远近和价格是否合理，但大多数消费者表示愿意主动选择万村千乡市场工程店。具体情况如图 11 所示。

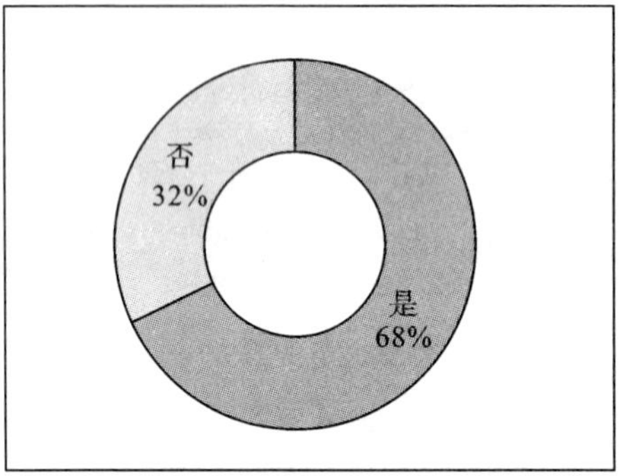

图 11　是否主动选择万村千乡工程店（乡镇）

村一级的万村千乡市场工程店数量较少，且由于重庆地形特殊，一定范围内仅有一家商店，万村千乡市场工程店经营者与消费者大多为邻里关系或彼此熟悉，因此大多消费者表示会愿意选择万村千乡市场工程店购买日用品。具体情况如图 12 所示。

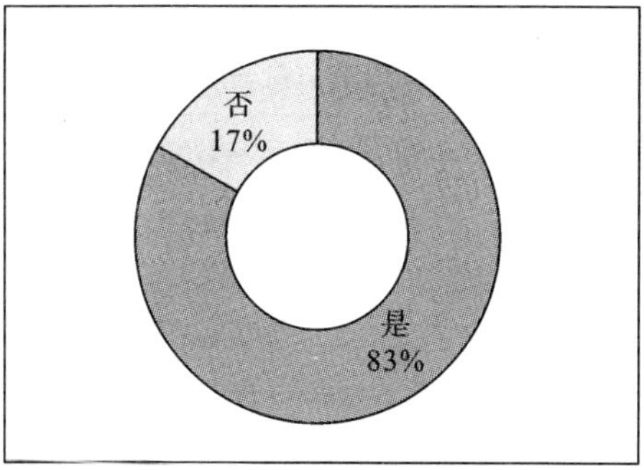

图 12　是否主动选择万村千乡工程店（农村）

（三）消费者对万村千乡市场工程店的满意度分析

1. 消费者购买的商品类型分析

由于乡镇和农村的消费者多到距离较近的万村千乡市场工程店去购买商品，因此，其购买的商品也多为食品和日用百货等。农忙时节，他们会在店里选购农药化肥等农业用品。在销售的商品类型上，乡镇和农村店之间的差别较小。具体情况如图 13 所示。

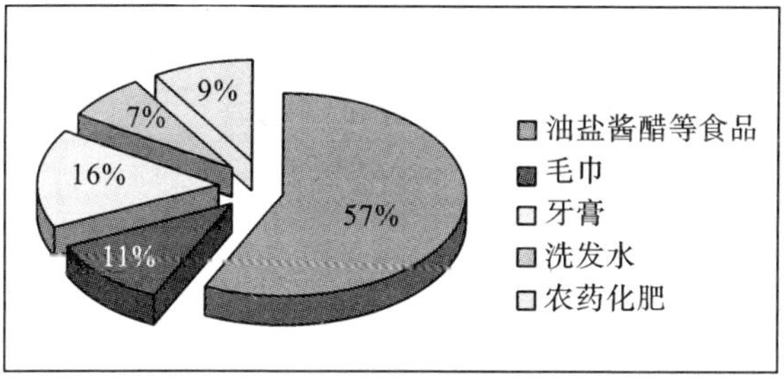

图 13　消费者购买商品类别调查

2. 总体满意度

在关于满意度的调查中，由于大多数消费者不知道万村千乡市场工程店这一概念，所以无法判断他们是否满意，大多数消费者选了一般或者满意。具体情况如表5所示。

表5　　满意度调查表

	非常满意	满意	一般	不满意	很不满意
双石店	2	8	19	3	1
响滩店	1	10	14	2	0
双龙店	3	15	18	5	0

在调查中，我们发现，乡镇的万村千乡市场工程店整体水平高于农村店。从整体来看，消费者对乡镇的万村千乡市场工程店的满意程度要稍高于对农村一级的万村千乡市场工程店的满意度。具体情况如图14所示。

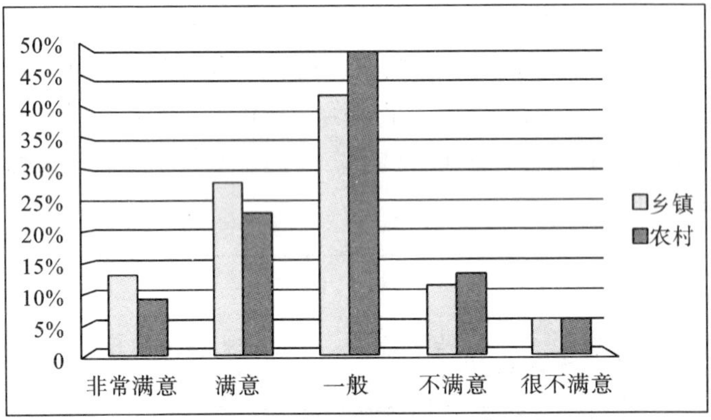

图14　满意度调查图

三、万村千乡市场工程实施情况总结

（一）覆盖率情况

为构建农村现代流通网络，开拓农村市场，扩大农村消费，促进社会主义新农村建设，商务部自2005年开始实施了“万村千乡市场工程”。

重庆市“万村千乡市场工程”的建设目标为覆盖全市所有区县（自治县）的897个乡镇共9 065个行政村，即覆盖率为100%。

全市规划建设17 023个日用品、农资乡镇连锁超市和村级便民放心商店，其中：2008年规划建设9 000个，2009年规划建设8 023个。

（二）取得的成绩

根据2009年新浪网报道，重庆市2009年上半年农村市场实现消费品零售总额302.4亿元，同比增长16.8%。与城镇市场相比，重庆市农村消费市场增长逐步加快。2009年1月份，重庆市农村市场增速低于城镇市场3.1个百分点，到了5月份农村市场增速只低于城镇市场0.7个百分点，而6月份，农村市场增速反超城镇市场，其增速高于城镇市场0.8个百分点。

重庆市农村消费市场快速增长，“万村千乡市场工程”和“家电下乡”政策带动作用明显。据统计，“万村千乡”农家店上半年实现销售额15.6亿元，同比增长25.8%，高于农村社会消费品零售总额9个百分点，有效改善了农村消费环境，深受广大农民欢迎。

（三）万村千乡市场工程店增长情况

据重庆商委公众信息网相关数据，自2005年实施“万村千乡市场工程”以来，全市实现“两个率先”，建成“万村千乡市场工程”农家店20 078个，配送中心71个，乡镇商贸中心35个，构建了以城区店为龙头、乡镇店为骨干、村级店为基础的农村消费经营网络和新型农村市场流通网络，改善了农村消费环境，使农民方便消费、放心消费。

2014年1—6月，全市农家店和乡镇综合商贸中心销售额达146亿元，同比增长13%；商品统一配送率达到71%，同比基本持平。进入6月，农村生活消费回升、农资需求趋旺，农村消费增速超过城镇增速预计在0.5个百分点以上。

据重庆市万州区商贸之窗相关数据，截至2012年11月，重庆市万州区建成乡镇“万村千乡”工程连锁店1 039个。

（四）万村千乡市场工程店给乡村零售业带来的变化

截至2010年，万村千乡市场工程在万州区的实施，使417台“农商通”信息机全部安装到位，超额完成了市政府下达的3年安装373台的目标任务。

同时注重培训，强化管理。区商务局多次对“万村千乡市场工程”龙头企业和农家店工作人员进行培训，大力推进“农商通”信息机的普及，并制定日常管理规范，有效地发挥了“农商通”信息机的移动充值、小额取现、刷卡消费、信息发送、商品配送等功能，为农村群众日常生活提供了极大方便。

四、重庆万村千乡市场工程存在的问题

（一）管理方面

万村千乡市场工程始于2005年，到目前共运行了10个年头。通过资料和实地走访我们发现，该工程在实施前期管理较为高效，无论是名称更换、电子秤和货架发放，还是POS机的配备，均显示出希望将万村千乡市场工程做好做大的愿望。

在资金方面，我们了解到，店家10年来只接收到物资和偶

尔的慰问，并未得到过资金支持。这让我们不禁想问，支持万村千乡市场工程的巨额资金到底去了哪里？这说明在资金管理方面存在严重问题。

我们在查阅了重庆商委公众信息网、重庆市万州区商贸之窗的大量关于“万村千乡市场工程”的各项信息后发现，许多信息传递的是“万村千乡市场工程”一片大好，各项工作实施到位，物资发放到位。然而据我们实地调查后发现，整体的情况并不是这样。我们调查的万州乡镇的万村千乡市场工程发展状况非常差，这足以说明，“万村千乡市场工程”的发展出现了严重不均衡的现象。

（二）经营方面

大多数万村千乡市场工程店经营者表示，他们的经营并没有太大改善。除了部分万村千乡市场工程店得到了电子秤、一批货架，个别店家得到了很少使用的 POS 机外，没有其他的补助措施。补助力度非常小，对其营业额没有什么影响。

店家在经营中遵循着以往的经营方式，并没有实现《重庆市“万村千乡市场工程”推进实施方案》（以下简称《方案》）中说的达到“改善消费环境、增加农民收入、扩大农村消费、惠农便民”的目的。也未出现《方案》中讲的“以连锁经营、物流配送、电子商务等现代流通方式为手段，以连锁经营企业为载体，按照标准化要求新建或改造农村商业网点，形成以区县（自治县）配送中心为龙头、乡镇连锁经营超市为骨干、村级商贸综合服务点为基础的农村日用消费品、农业生产资料两大骨干网络体系，搭载农产品流通、再生资源回收、农民生活服务、商务信息服务等多项功能，促进城乡商品‘双向流通’和商贸统筹发展，推动农村经济发展和新农村建设”等改变。

总之，对于那些小本经营的店家们来说，万村千乡市场工程仅仅意味着换了一个名字而已，在经营方面没有太大改变，存在的问题非常多。

（三）国家扶持政策的可持续性方面

《重庆市“万村千乡市场工程”推进实施方案》中讲到，在“万村千乡市场工程”推进实施过程中，必须坚持“统筹发展、农民受益、市场导向、因地制宜”四项原则，并指出整合各方资源，给予其资金补助。“万村千乡市场工程”项目建设所需资金采取以企业自筹为主，以政府补助为辅。具体补助标准如下：

第一，对日用品龙头企业每建设改造一个“万村千乡市场工程”乡镇连锁经营超市或村级便民放心商店给予6 000元的资金补助。

第二，从2008年开始，由地方财政筹集资金，对农资龙头企业每建设改造一个“万村千乡市场工程”乡镇农资连锁经营超市或村级便民放心商店给予4 000元的资金补助。

第三，对龙头企业为配套“万村千乡市场工程”项目建设改造配送中心的，对其固定资产投资的中长期贷款给予一年期不超过5%的贷款贴息补助。

第三，各区县（自治县）人民政府要研究出台支持“万村千乡市场工程”建设的具体办法，配套相应资金。对商贸主管部门和乡镇开展“万村千乡市场工程”项目建设安排必要的专项工作经费。

也就是说，“万村千乡市场工程”是一项持续的扶持项目，在后期还有多次资金补助与扶持。然而我们调研中的大多数万村千乡市场工程店经营者均表示，除了2005年的改造外，后期均未得到物资或资金支持，只有慰问和官方的视察，之后便无人问津。因此在扶持的可持续性方面问题也很严重。

（四）功能和作用方面

《重庆市“万村千乡市场工程”推进实施方案》指出，此次工程的总体要求为：全面贯彻落实科学发展观，坚持城乡商贸统筹发展，以改善消费环境、增加农民收入、扩大农村消费、惠农便民为目的，以连锁经营、物流配送、电子商务等现代流通方式为手段，以连锁经营企业为载体，按照标准化要求新建或改造农村商业网点，形成以区县（自治县）配送中心为龙头、乡镇连锁经营超市为骨干、村级商贸综合服务点为基础的农村日用消费品、农业生产资料两大骨干网络体系，搭载农产品流通、再生资源回收、农民生活服务、商务信息服务等多项功能，促进城乡商品“双向流通”和商贸统筹发展，推动农村经济发展和新农村建设。

然而从调研的情况来看，其功能和作用均未得到彰显，实施效果非常差。

五、建议与对策

抛开实施成果不谈，万村千乡市场工程本身是一项通过补贴，改变乡镇和农村零售结构的政策，其根本目标是提升农村的消费能力，拓展还未被开发的广大乡镇、农村消费市场，从而推动经济发展。同时消费的增加也意味着乡镇、农村的消费者的生活水平的提高，这也就达到了“惠民”的目的。

从发展角度来看，此项政策的方向是正确的，但实施效果较差，因此，此政策的目的还远远未达到。

从这项政策的实施效果来看，广大乡镇、农村市场还有待进一步开发。但是按照这样的进度和执行速度，在很长一段时间内恐怕也难以达到预期效果。

因此，可以发挥市场的导向性作用。商务部门可出台指向性政策，引导企业自发地开发广大乡镇、农村市场。

同时，财政部门也应该对万村千乡市场工程进行重新评估，看其是否还适应如今的发展，是否应继续执行。

参考文献

[1] 江若尘，陈宏军."万村千乡市场工程"农村日用品连锁超市店绩效的实证调查与分析 [J]. 江淮论坛，2009 (6).

[2] 欧翠珍."万村千乡市场工程"的消费效应评析与前瞻 [J]. 消费经济，2006 (6).

[3] 吴峰，涂晓玲. 构建农村新型物流配送体系研究——以"万村千乡市场工程"为例 [J]. 农业考古，2008 (6).

[4] 许铭仁. 关于"万村千乡"市场工程的研究综述 [J]. 农村经济与科技，2010 (8).

[5] 司瑞婕. 浅谈"万村千乡市场工程"对我国农村经济的影响 [J]. 经济视角 (下)，2010 (2).

[6] 庞爱玲. 从"万村千乡市场工程"看我国农村市场的发展 [J]. 内蒙古煤炭经济，2008 (3).

[7] 杨静."万村千乡"市场工程发展现状与模式 [J]. 商业时代，2013 (2).

[8] 林超群. "万村千乡"市场工程存在的问题及对策 [J]. 农村经济与科技，2007 (1).

[9] 林瑛. "万村千乡"市场工程农村商贸物流模式选择 [J]. 企业经济，2009 (5).

[10] 赵晓颖. 万村千乡市场工程实施策略研究 [J]. 商业经济，2013 (8).

重庆市合川区万村千乡市场工程调研报告

高　原[①]（组长）　申大山[②]　李春燕[③]

调查时间：2015 年 1 月—3 月

调查地点：重庆市合川区

调查方法：实地调查

一、被调查商户经营情况分析

（一）被调查商户的基本情况介绍

本次调研主要调查了 8 个万村千乡市场工程店的店铺位置、加入工程的时间、经营的基本情况等。

1. 乡镇商户基本情况

重客隆超市宝润国际连锁店位于合川区三庙镇，2010 年加入工程，至今为止经营效果较好，月销售额基本在 30 000 元左右。四季风日用品连锁超市位于合川区沙鱼镇，2010 年加入工程，效果不错，能有效地改善原先的销售模式，月销售额平均在 31 000 元左右。丰谷农资超市位于合川区肖家镇，2009 年加

---

① 高原系重庆工商大学经济学院 2012 级 1 班学生。

② 申大山系重庆工商大学经济学院 2012 级 1 班学生。

③ 李春燕系重庆工商大学经济学院 2012 级 1 班学生。

入工程，月销售也能达到30 000元左右。重客隆龙市连锁店位于合川区古楼镇，2010年加入工程，经营状况近期不太理想，月销售额在31 000元左右。重庆市合川区重客隆超市位于合川区，2010年加入工程，经营状况不错，月销售额近40 000元。腾龙大超市龙市便民放心店位于合川区双凤镇，2011年加入工程，经营状况良好，月销售额平均在33 000元左右。

2. 农村商户基本情况

联佳超市黄桷连锁店位于合川区梭子村，2012年加入工程，至今为止规模不是太大，经营状况和期初差不多，月销售额在23 000元左右。重客隆连锁店位于合川区草坪村，2011年加入工程，经营规模较之前有较大的提升，月销售额基本维持在25 000元左右。

（二）商户销售业绩分析

1. 乡镇商户的销售业绩

我们组调查的商户主要包括重客隆、四季风、丰谷农资超市、联家超市等参与万村千乡市场工程的超市，这些店铺的销售情况是我们的调查的重点之一。具体情况如下：

重客隆龙市连锁店位于重庆市合川区龙市镇，超市规模在乡镇中属于中等，参与了万村千乡市场工程项目，经营效益较好，销售业绩（2014年1月—12月）如表1所示。

表1　　重客隆龙市连锁店2014年销售情况表

	1月	3月	6月	8月	10月	12月
销售额（元）	27 000	39 000	52 000	51 000	41 000	32 000
员工数（人）	5	6	8	8	6	5
员工流动性（人）	3	2	0	0	2	3
员工收入（元）	1 320	1 320	1 450	1 450	1 320	1 320
总经营面积(平方米)	360					

表1(续)

	1月	3月	6月	8月	10月	12月
商品单品（种）	2 200					
商品种类（种）	410	410	410	420	400	400
主力商品	烟、各类食品、生活用品					
净利润（元）	6 500	17 180	26 500	25 500	19 180	11 500
净利润率	24. 07%	44. 05%	50. 96%	50. 00%	46. 78%	35. 94%
毛利润（元）	21 000	33 000	46 000	45 000	35 000	26 000
毛利润率	77. 78%	84. 62%	88. 46%	88. 24%	85. 37%	81. 25%
总部商品配送率	60%					
来客数（人·次）	6 100	7 200	8 100	8 000	7 200	6 100

重客隆超市宝润国际连锁店也属于万村千乡市场工程店的贴牌店，其销售业绩如表2所示。

表2　重客隆超市宝润国际连锁店2014年销售情况表

	1月	3月	6月	8月	10月	12月
销售额（元）	27 900	40 300	57 000	52 700	40 300	27 900
员工数（人）	6	6	8	8	7	6
员工流动性（人）	2	1	0	0	1	3
员工收入（元）	1 300	1 300	1 500	1 500	1 300	1 300
总经营面积(平方米)	350	350	350	350	350	350
商品单品（种）	2 500	2 500	2 500	2 500	2 500	2 500
商品种类（种）	400	400	450	450	400	400
主力商品	烟、各类食品、生活用品					
净利润（元）	6 200	18 600	31 100	26 800	17 300	6 200
净利润率	22. 22%	46. 15%	54. 56%	50. 85%	42. 93%	22. 22%

表2(续)

	1月	3月	6月	8月	10月	12月
毛利润（元）	20 900	33 300	50 000	45 700	33 300	20 900
毛利润率	74.91%	82.63%	87.72%	86.72%	82.63%	74.91%
总部商品配送率	60%					
来客数（人·次）	6 000	7 000	8 500	8 000	7 200	6 100

四季风日用品连锁店也属于万村千乡工程店，但是其牌子是由中国供销合作社挂的，虽然规模不是很大，但是经营的商品品类比较多，其具体销售业绩如表3所示。

表3　　四季风日用品超市2014年销售情况表

	1月	3月	6月	8月	10月	12月
销售额（元）	28 000	41 000	53 400	51 890	43 800	28 900
员工数（人）	7	6	8	8	8	6
员工流动性（人）	1	2	0	0	0	2
员工收入（元）	1 380	1 380	1 600	1 600	1 380	1 380
总经营面积(平方米)	300					
商品单品（种）	2 000					
商品种类（种）	380	380	410	410	380	38
主力商品	烟、各类食品、生活用品					
净利润（元）	7 540	21 920	29 800	28 290	21 960	9 820
净利润率	26.93%	53.46%	55.81%	54.52%	50.14%	33.98%
毛利润（元）	21 000	34 000	46 400	44 890	36 800	21 900
毛利润率	75.00%	82.93%	86.89%	86.51%	84.02%	75.78%
总部商品配送率	58%					
来客数（人·次）	6 000	7 000	8 400	8 300	7 000	6 100

丰谷农资超市是当地万村千乡市场工程最早的项目店，其经营效果比其他店总体要好，具体销售业绩如表4所示。

表 4　　　丰谷农资超市 2014 年销售情况表

	1 月	3 月	6 月	8 月	10 月	12 月
销售额（元）	30 000	41 000	53 000	51 560	43 000	28 000
员工数（人）	6	6	8	8	7	6
员工流动性（人）	2	1	0	0	1	3
员工收入（元）	1 300	1 300	1 500	1 500	1 300	1 300
总经营面积(平方米)	310					
商品单品（种）	2 300					
商品种类（种）	360	380	410	410	390	390
主力商品	烟、各类食品、生活用品					
净利润（元）	8 300	19 300	27 100	25 660	20 000	6 300
净利润率	27.67%	47.07%	51.13%	49.77%	46.51%	22.50%
毛利润（元）	24 000	35 000	47 000	45 560	37 000	22 000
毛利润率	80.00%	85.37%	88.68%	88.36%	86.05%	78.57%
总部商品配送率	59%					
来客数（人·次）	6 000	7 000	8 400	8 000	7 000	6 100

重庆合川区重客隆超市在被调查的店中销售业绩最好，经营状况较好，具体数据如表 5 所示。

表 5　　　合川区重客隆超市 2014 年销售情况表

	1 月	3 月	6 月	8 月	10 月	12 月
销售额（元）	34 000	46 000	55 000	56 000	46 000	35 000
员工数（人）	7	7	8	8	7	7
员工流动性（人）	1	1	0	0	1	1
员工收入（元）	1 400	1 400	1 600	1 600	1 400	1 400
总经营面积(平方米)	400					
商品单品（种）	2 600					
商品种类（种）	380	400	430	430	400	400

表5(续)

	1月	3月	6月	8月	10月	12月
主力商品	烟、各类食品、生活用品					
净利润（元）	10 300	22 300	28 300	29 300	22 300	11 300
净利润率	30.29%	48.48%	51.45%	52.32%	48.48%	32.29%
毛利润（元）	28 000	40 000	49 000	50 000	40 000	29 000
毛利润率	82.35%	86.96%	89.09%	89.29%	86.96%	82.86%
总部商品配送率	61%					
来客数（人·次）	7 000	7 500	8 500	8 000	7 500	7 000

2. 农村商户的销售业绩

农村商户的销售业绩总体上来说不理想，但还是有些店铺的销售业绩较好，具体情况如下：

联家超市回兴店的销售业绩情况如表6所示。

表6　　联家超市回兴店2014年销售情况表

	1月	3月	6月	8月	10月	12月
销售额（元）	28 000	38 900	51 000	51 560	40 000	30 000
员工数（人）	4	5	6	6	5	4
员工流动性（人）	2	1	0	0	1	2
员工收入（元）	1 290	1 290	1 400	1 400	1 300	1 300
总经营面积(平方米)	260					
商品单品（种）	2 100					
商品种类（种）	350	370	400	400	380	380
主力商品	烟、各类食品、生活用品					
净利润（元）	8 940	18 550	28 700	29 260	19 600	10 900
净利润率	31.93%	47.69%	56.27%	56.75%	49.00%	36.33%

表6(续)

	1月	3月	6月	8月	10月	12月
毛利润（元）	22 000	32 900	45 000	45 560	34 000	24 000
毛利润率	78. 57%	84. 58%	88. 24%	88. 36%	85. 00%	80. 00%
总部商品配送率	60%					
来客数（人·次）	5 890	7 000	8 000	8 000	7 000	6 100

联佳超市黄桷店的销售业绩属于中等水平，其净利润率水平也处于中等水平，具体数据如表7所示。

表7　　联佳超市黄桷店2014年销售情况表

	1月	3月	6月	8月	10月	12月
销售额（元）	20 000	24 000	30 000	29 000	30 000	31 000
员工数（人）	3	5	5	5	4	4
员工流动性（人）	2	0	0	0	1	1
员工收入（元）	1 290	1 290	1 400	1 400	1 300	1 300
总经营面积(平方米)	150					
商品单品（种）	1 900					
商品种类（种）	210	220	220	220	210	210
主力商品	烟、各类食品、生活用品					
净利润（元）	2 230	3 650	9 100	8 100	10 900	11 900
净利润率	11. 15%	15. 21%	30. 33%	27. 93%	36. 33%	38. 39%
毛利润（元）	16 000	20 000	26 000	25 000	26 000	27 000
毛利润率	80. 00%	83. 33%	86. 67%	86. 21%	86. 67%	87. 10%
总部商品配送率	57%					
来客数（人·次）	4 000	4 500	5 000	5 100	5 200	4 500

重客隆连锁店的销售业绩如表8所示。

表8　　重客隆连锁店2014年销售情况表

	1月	3月	6月	8月	10月	12月
销售额（元）	21 000	25 000	31 000	30 000	29 000	31 000
员工数（人）	4	4	5	5	5	4
员工流动性（人）	1	1	0	0	0	1
员工收入（元）	1 300	1 310	1 400	1 400	1 300	1 300
总经营面积(平方米)	170					
商品单品（种）	2 000					
商品种类（种）	220	230	230	230	220	210
主力商品	烟、各类食品、生活用品					
净利润（元）	1 900	5 860	10 100	9 100	8 600	11 900
净利润率	9.05%	23.44%	32.58%	30.33%	29.66%	38.39%
毛利润（元）	17 000	21 000	27 000	26 000	25 000	27 000
毛利润率	80.95%	84.00%	87.10%	86.67%	86.21%	87.10%
总部商品配送率	58%					
来客数（人·次）	4 100	4 600	5 100	5 000	5 100	4 400

（三）万村千乡市场工程给乡镇级农村零售业带来的变化

1. 万村千乡市场工程给乡镇零售商户带来的变化

乡镇的零售商户加入万村千乡后，其经营状况都有了明显的改善。由于乡镇人口较多，分布也比较密集，在零售商加入万村千乡后，商品价格都有所下降，从而吸引了更多的消费者前来消费。并且由于万村千乡工程的惠民宗旨的普及，更多的消费者比较相信万村千乡工程的项目，从而来到万村千乡项目的商店消费，对于零售商户的销售有很大的促进作用。

2. 万村千乡市场工程给农村零售商户带来的变化

由于农村的万村千乡市场工程实施得并不好，很多农村的消费者不了解甚至不知道万村千乡工程项目，加之农村的人口分布不太集中，使得万村千乡市场工程项目对这些地方的商户的作用不大，所以在农村万村千乡项目给零售商户带来的变化不大。

二、被调查消费者消费情况分析

（一）消费者基本调查分析

本次调查共收集到有效问卷 40 份，被调查者的年龄、学历情况如图 1、图 2、图 3、图 4 所示。

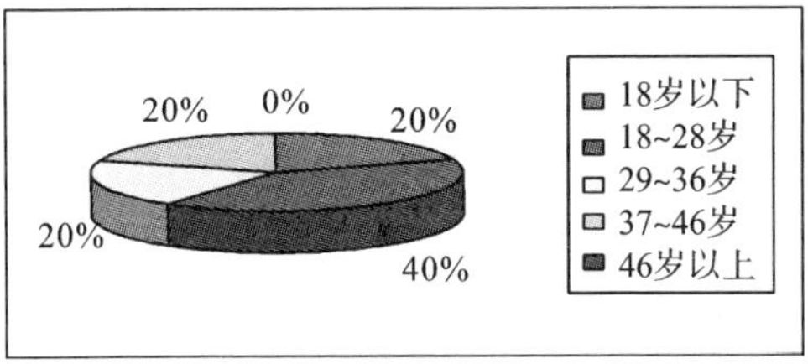

图 1　乡镇被调查消费者的年龄分布情况图

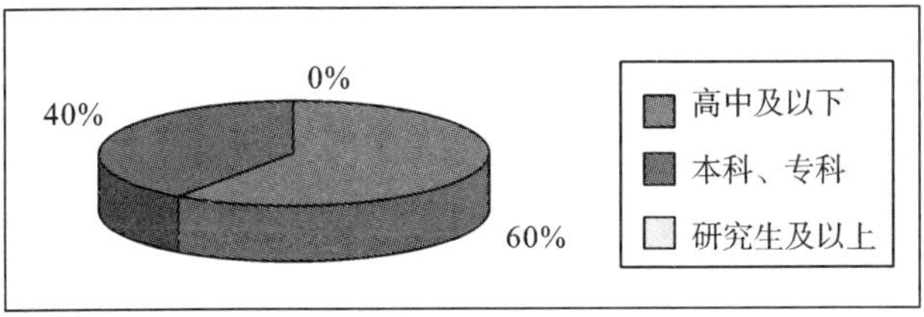

图 2　乡镇被调查消费者的学历分布情况图

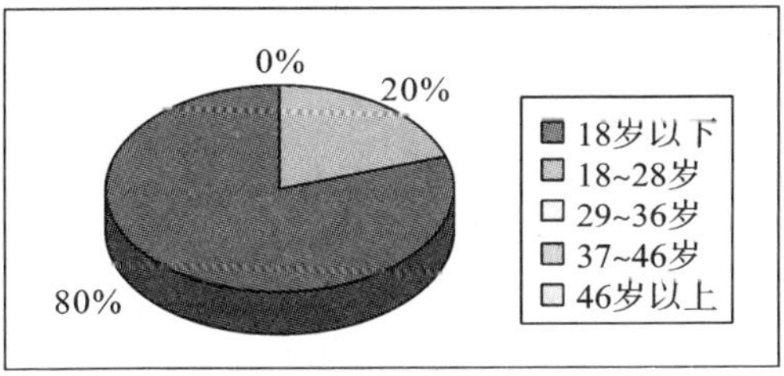

图 3　农村被调查消费者的年龄分布情况图

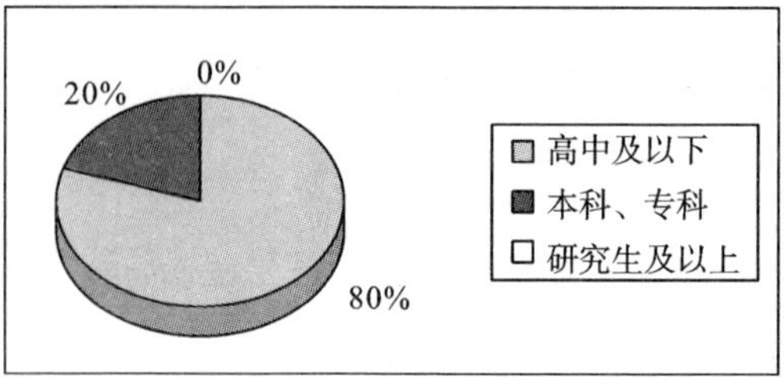

图4　农村被调查消费者的学历分布情况图

（二）消费者对万村千乡市场工程店的基本认知

乡镇消费者情况：

（1）是否知道万村千乡工程?

回答知道的占60%，不知道的占40%。

（2）是否经常在此类店铺购买?

80%的消费者选择“不是经常”，15%的消费者选择“经常”。

（3）是否主动选择此类店铺购买?

80%的消费者选择“不会”。

农村消费者情况：

（1）是否知道万村千乡工程?

10%的被调查者表示知道，90%的被调查者表示不知道。

（2）是否经常在此类店铺购买?

90%的消费者选择“不是经常”，10%的消费者选择“经常”。

（3）是否主动选择此类店铺购买?

所有被调查者都选择“不会”。

（三）消费者对万村千乡市场工程店的满意度分析

1. 乡镇消费者购买商品类型分析

从调查问卷来看，乡镇消费者在万村千乡市场工程店购买的商品类型主要有油盐酱醋等调味品，毛巾、牙膏等日用品及农药、化肥等农用品，具体情况如图5所示。

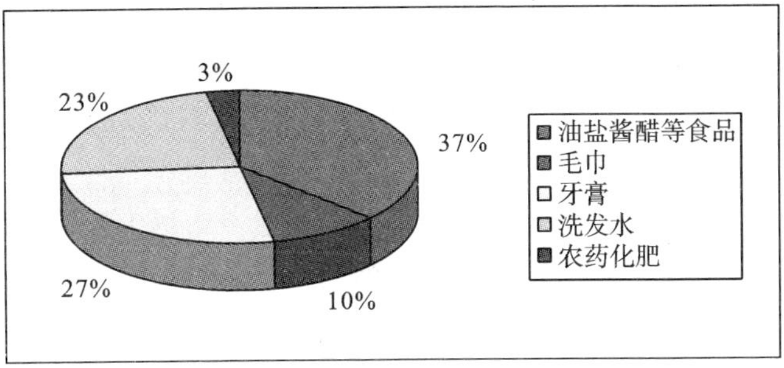

图5　乡镇消费者在万村千乡市场工程店所购商品类型

2. 农村消费者购买商品类型分析

从回收的问卷来看，农村消费者在万村千乡市场工程店购买的主要是日用品，具体情况如图6所示。

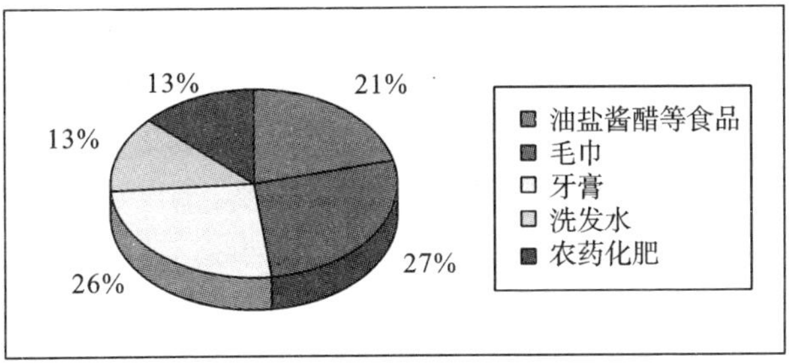

图6　农村消费者在万村千乡市场工程店购买商品的类型

三、合川区万村千乡市场工程实施情况总结

（一）总体覆盖率不断提高

2005年，商务部启动万村千乡市场工程试点，重庆市被列为首批试点省市。目前，该工程已在全市推开，并提出万村千

乡市场工程全覆盖目标。计划到2010年全市共建成日用品、农资县级配送中62个，乡镇超市1 728个，村级便民店18 250个，在全国率先实现“县县（区）有商品配送中心、乡乡（镇、街）有连锁经营超市、村村有便民放心商店”的全覆盖。截至2015年，重庆市合川区在30个镇327个村已完成了430户农家店的信息化建设任务，位居全市各区县前茅。

合川区下达了2008—2009年“万村千乡市场工程”建设计划总数1 079个，其中：日用品镇级连锁经营超市27个，村社便民放心商店517个；农业生产资料镇级连锁经营超市27个，村社便民放心商店508个。

2015年，合川区27个镇和331个村已全部设立“放心超市（商店）”，实现了放心商品和优质服务的全覆盖。2015年，万村千乡市场工程的全面覆盖，家电（汽摩）下乡以及汽车以旧换新政策的进一步实施，促进了农村消费。其中，城镇商贸实现社零13.67亿元，同比增长21%，增幅同比提高0.9个百分点；农村商贸实现社零11.04亿元，同比增长19.5%，增幅同比提高0.3个百分点①。信息化服务终端建设向农村延伸，家电（汽摩）下乡以及汽车以旧换新政策的实施，进一步促进了农村消费，城乡商贸协调与快速发展。与此同时，艺源百货、禹王渔府、小毛火锅等规模连锁经营企业以资本运作、管理技术和品牌资源为纽带，以特许、加盟等经营形式，向规模化与规范化的方向发展。重客隆和丰谷农资完成“万村千乡市场工程”建设，实现镇村全覆盖，建立健全了农村商贸网络，极大地改善了农村消费环境。经调查统计，目前合川区共有连锁店1 780家，其中直营店259家，加盟店1 521家，1—6月实现销售额24.3亿元，同比增长近40%。

---

① 数据来源于合川区商委网站。

（二）自2005年以来万村千乡市场工程取得的主要成绩

2009年，合川区已在盐井、草街、龙市、肖家、涞滩、官渡、云门、钱塘、沙鱼、古楼、铜溪、渭沱、合办处、南办处、钓办处等15个镇展开日用品、农资便民店建设，累计完成镇村两级日用品店签约量161个，签约完成率29.6%；完成镇村两级农资店签约量112个，签约完成率20.7%，其中，镇级日用品连锁超市签约3个，镇级农资店签约并建成1个。

2015年，万村千乡市场工程成果不断巩固。重客隆超市公司圆满完成了对南办片区、云门片区、古楼片区、双凤片区、龙市片区、大石片区共460家日用品店的规范管理培训，提升了镇村级店的服务技能，丰谷农资已会同中国农业银行、中国移动公司开展了“万村千乡市场工程综合信息服务平台”建设。此外，合川区供销合作社丰谷农资公司通过万村千乡市场工程，续建和完善了517个农资放心店，全面完成农资配送网络中的镇村级农资配送网点建设。同时，合川区还启动了农资物流电子信息网建设。抓住每年化肥销售的有利时机实施“淡储旺供”，2015年完成销售收入6 200万元，确保了市场供应不脱销不断档，平抑了物价，有力地支持了合川区的农业生产。

合川区村级商贸正在逐步完善。钱塘、龙市、云门等镇级商业中心加速构建，农贸市场改造、再生资源回收利用网络体系、标准化农户粮仓、星级农家乐及万村千乡市场工程信息化建设有序推进，农村消费环境进一步改善。

合川区加快完善农村商贸体系建设。突出清平玻璃制品、二郎皮革制品等镇街特色，加速构建区域性专业市场和镇级商业中心。

（三）万村千乡市场工程店经营指标增长情况

万村千乡市场工程成果显著，全面升级了农商通信息机，完成乡村连锁信息化改造183个。抓好家电、汽摩下乡管理，家电备案网点总计420户，摩托车下乡备案网点总计46户，汽车惠农备案网点5户，全年销售惠民家电200台，财政补贴金额35万元。2010年，合川区积极开拓农村市场，扩大农村消费，强力推进万村千乡市场工程，初步建立起了工业品下乡、农产品进城的双向流通网络，促进了城乡商贸统筹协调发展。2011年，合川区共新建和改造了1 003家农家店。从已建成的村级便民店的经营情况来看，大部分农家店取得了明显的社会效益和经济效益，部分镇级店年销售额达到200万元以上，经营者人均纯收入达到10万元以上；村级农家店年销售额在15万元以上，经营者人均纯收入达到2万元以上。

（四）万村千乡市场工程店给乡村零售业带来的变化

重客隆和丰谷农资完成万村千乡市场工程建设，实现村镇全覆盖，建立健全了农村商贸网络，极大地改善了农村消费环境。经统计，2012年合川区有连锁店1 780家，其中直营店259家，加盟店1 521家，1—3月实现销售额12.8亿元。

四、重庆万村千乡市场工程存在的问题

（一）发展不平衡

1. 地区发展不平衡

大部分区县村级“农家店”发展较快，覆盖率已达到70%，但还有不少县村级“农家店”发展相对较慢，覆盖率不到60%。

2. 镇村发展不平衡

乡镇级中心“农家店”发展迅速，村级“农家店”发展缓慢。全市所有“农家店”中，乡镇级中心“农家店”覆盖率达到了85%，村级“农家店”的覆盖率只有60%。

3. 生活资料和生产资料“农家店”发展不平衡

在全市所有“万村千乡市场工程”的承办企业中，只有

4家企业经营农业生产资料；更有个别县的200家“农家店”全部经营生活资料，没有一家经营农业生产资料。

4. 在解决农民“买难”和“卖难”问题上不平衡

万村千乡市场工程所建立的流通体系应该是“双向流通”模式，一方面，把生活资料和生产资料送下乡，解决农民的“买难”问题；另一方面，在农村直接收购农副产品，利用连锁超市这个平台，为农民解决农副产品的“卖难”问题。但从实施的过程看，这项工程主要解决了农民的“买难”问题，在解决农民的“卖难”问题上还很薄弱。据调查，2015年全市“农家店”对农副产品的收购额不足销售额的10%。

（二）经营管理方面：“农家店”的建设质量有待进一步提高

主要存在“三重”“三轻”的问题。一是重建设，轻管理。承办企业大都重视“农家店”建设了多少，建的怎么样，而对如何有效管理，普遍因其规模小、销售额少而不予重视。二是重加盟，轻服务。承办企业大都关心有多少农家店加盟，换成了承办企业的牌子，而对于如何指导、如何根据当地的实际需要提供有效的服务，普遍缺乏关注和研究。三是重销售，轻配送。承办企业大都只关心农家店的销售情况，很少考虑如何有效、及时地进行商品配送，导致配送半径过长，配送不及时，影响了部分农家店的经营。据调查，全市“农家店”的平均配送率不足50%，所有承办企业中，只有3家建有配送中心，而且部分配送中心已不能满足日益扩大的“农家店”发展需要。

（三）国家扶持的可持续性不强

一是重视不够。合川区各级政府及相关部门对“万村千乡市场工程”建设未引起足够重视，从组织领导、建设任务的落实，到相关部门的配合等，都未能将万村千乡市场工程纳入重要议事日程。二是本地缺乏“万村千乡市场工程”龙头企业。

合川区以前的百货公司、供销社等商贸企业因改制的原因，尚未发展起具有一定规模的商贸企业。三是镇、村商贸设施建设滞后，延缓了“万村千乡市场工程”建设步伐。改革开放30余年来，各镇的集镇建设都取得了较大的进展，但均未对规模商贸设施建设给予足够重视。目前，在集镇，单体面积在500平方米以上的商业设施很少，龙头企业开设镇级超市比较困难。

（四）发展环境有待进一步改善

一是部分政策没有真正落实到位。商务部推行万村千乡市场建设工程之初，国务院和重庆市给予了相应的优惠政策，各级地方政府也在税收、办证、执法检查等方面出台了相关扶持政策。但在实际操作中，个别部门对这些政策没有落实到位。

二是中央补贴政策不到位，地方政策不配套。2014年，中央和市政府提高了对万村千乡市场工程农家店的补贴标准，对已验收合格的每个“农家店”补贴7 000元，其中中央财政补贴6 000元，市财政补贴1 000元，但到目前为止，补贴资金只到位了50%，影响了承办企业的积极性。同时，我市没有出台相应的资金配套补贴政策，与周边省市还存在差距。如有的市规定，除国家和省补贴外，每个“农家店”市里再补贴1 000元，县里补贴500元。

（五）万村千乡市场工程和新网工程有机结合有待进一步深入

万村千乡市场工程是由商务部门主导，新网工程是由供销部门主导，两者都是针对农村市场的惠农工程，具有较大的交叉性和互补性。虽然两家相互之间进行了沟通联合，但是两网共用的比例还是较小，还有进一步融合的空间。

五、建议与对策

（一）坚定信心，继续推进，将万村千乡市场工程作为新农村建设的重点工程来抓

虽然2013年、2014年中央和市的补贴没有完全到位，之后中央的补贴政策尚不明朗，但这是一项民心工程和惠农工程，建议市委、市政府要坚定信心，制订详细的措施，将此作为社会主义新农村建设的重点工程坚定不移地推进下去，并将其作为农民增收、农业增效、农村发展的重要抓手。

（二）加强监管，巩固提高，将万村千乡市场工程建成新农村建设的亮点

始终坚持质量第一的原则，抓好“农家店”的建设质量。其中很重要的就是要制订完善的考核办法，农家店不能一建了之，补贴也不能一补了之。对以往验收合格的农家店，要组织“回头看”活动，集中进行清查，不合格的要进行必要的处罚；然后是要进行适度的经常性检查，确保店容和商品质量达到要求，达不到要求的，要进行整改，情节严重的给予处罚；接下来是加强配送中心建设，提高配送能力，针对当前“农家店”商品配送比例偏低的现状，要扩大乡镇级中心店仓容，提高对村级“农家店”商品的配送比例，要加大对已购置原农资公司仓库的改造力度，使之尽快发挥商品配送作用，还要加快县级配送中心建设步伐，不断优化商品配送服务，使整个商品配送率达到70%以上。

（三）落实政策，加大扶持，为“万村千乡市场工程”建设提供良好的环境

其一是要对万村千乡市场工程企业的建设用地、商业用电、银行贷款、税费、执法检查等方面出台切实可行的优惠和扶持

政策。其二是建议我市在充分用活国家扶持政策的基础上，将国家扶持和地方补贴有机结合起来，出台配套的资金补贴政策，设立“万村千乡市场工程”基金，形成稳定的投入渠道，以调动承办企业的积极性，加快我市万村千乡市场工程建设步伐。其三是相关部门要按照市委、市政府出台的政策制订细则，确保各项政策能够落实到位。其四是有关部门要积极向上呼吁，使中央和省财政尽早地将配送中心贷款贴息和“农家店”补助资金等财政资金补贴落实到位。其五是要将配送中心的选址列入城市建设规划，在土地征用、办证、贷款等方面要给予大力的支持和帮助，开辟绿色通道，简化程序，降低门槛。

（四）拓展功能，“一网多用”，推进万村千乡市场工程健康发展

一是充分发挥连锁经营网络的“双向流通”作用，“农家店”要主动为农民提供农副产品的产销信息服务，提供小宗零星农副产品的代购代收服务，并利用网络把农副产品销售到县外、市外，促进农村经济发展和农民增收致富。二是将“万村千乡市场工程”与“新网工程”、国家出台的拉动内需的有关政策结合起来，推动农村生活资料市场、生产资料市场快速发展，从而拉动农村内需，推动经济发展。三是加强与邮政、通信、计生、农业、药监、烟草等部门沟通，为“农家店”寻求更多的合作机会，扩大网络功能，提供增收空间，比如与邮政部门加强合作，在农家店代办各种邮政业务，争取邮政储蓄小额贷款支持；同时也可以协助中国移动、中国联通、中国电信在农家店开展代办业务，具体包括移动电话入网、代收通信和信息服务费、移动公话、增值业务办理、农业信息化产品销售推广等。

参考文献

[1] 李芬儒，忻红."万村千乡"市场工程建设理论指导和模式选择[J].中国流通经济，2007（11）.

[2] 梁睿.商业连锁开始向农村扩展[N].经济日报，2007-05-23（007）.

[3] 阮兢青，陈文标.着力开发农村消费市场[J].党政论坛，2009（7）.

[4] 李玉举.扩大农村居民消费需求的政策建议[J].宏观经济管理，2009（7）.

[5] 韩勇.亚当·斯密的消费思想对扩大内需的启示[J].理论学习，2007（8）.

[6] 林瑛."万村千乡"市场工程商贸物流的研究[C]//中部崛起与现代服务业——第二届中部商业经济论坛论文集.2008.

[7] 张武康."万村千乡"市场工程长效机制构建的探索[J].经济论坛，2007（20）.

[8] 林超群."万村千乡"市场工程存在的问题及对策[J].农村经济与科技，2007（1）.

[9] 王华荣.构建农村消费安全保障体系的理性思考[J].中国流通经济，2011（8）.

[10] 许铭仁.关于"万村千乡"市场工程的研究综述[J].农村经济与科技，2010（8）.

重庆市酉阳县万村千乡市场工程调研报告（一）

龚曼娜[①]　谭晓琴[②]

调查时间： 2015年1月20日—3月10日

调查地点： 重庆市酉阳县

调查手段： 实地调查，问卷调查，实地访谈

一、调查背景

“万村千乡市场工程”是商务部2005年着力推动社会主义新农村建设的重要举措之一。商务部“万村千乡市场工程”服务系统，通过安排财政资金，以补助或贴息的方式，引导城市连锁店和超市等流通企业向农村延伸发展农家店，为企业提供了录入验收通过的农家店和配送中心的信息，以及建设情况和经营情况报送的平台，方便商务主管部门通过系统随时了解企业农家店和配送中心的情况，进行相应的数据采集，并起到良好的审核管理作用，推动农村现代流通发展，满足农民消费需求，改善农村消费环境，促进农业产业化发展。同时也为用户提供了一个了解国家政策及工作动态的信息平台。另外，这也

① 龚曼娜系重庆工商大学贸易经济专业2012级2班学生。

② 谭晓琴系重庆工商大学会展经济与管理专业2012级2班学生。

是我校2014年末开启的调研项目。学校组建了重庆工商大学研究团队，旨在调查“万村千乡市场工程”在2005年以来的运行情况，并更好地了解2005年以来国家商务部为了繁荣农村商贸流通，确保农村居民能够买到放心的商品而实施的这项利民惠民工程的推进情况和实施效果。由此，经过接近两个月的实地调查，形成了这份报告。

二、被调查商户经营情况分析

通过接近两个月的调研，我们一共调查了50个万村千乡市场工程店，做了50份万村千乡市场工程商户经营情况的调查问卷，以及100份万村千乡市场工程的消费者购物情况调查问卷。通过调查，我们发现万村千乡市场工程店在选址上都秉承着靠近居民居住区以及公路三岔路口的原则。在靠近居住区和交通便利的前提条件下，周边居民更愿意前往万村千乡市场工程店购物，这很好地满足了居民的购物需求，同时也提高了商户的销售业绩。

（一）销售业绩

在50份商户调查问卷中，我们了解到大多数商户在2009年以后才加入万村千乡市场工程，这跟酉阳本地的经济文化发展水平有着直接的关系，酉阳地处重庆市边远山区，经济文化发展水平还有待进一步提高。通过调查，我们对于商户的经营情况有了一个大致的了解。总体来看，乡镇一级的商户比农村一级的商户更加了解万村千乡市场工程，包括工程给参与企业的政策和资金支持。

50份调查问卷中，乡镇和农村商户各25份，其中，从25份乡镇商户调查问卷中可以看出，16.89%的商户表示不知道万村千乡市场工程的特定供货渠道，两者的百分比为16.89%和

83.11%；在资金支持方面，73.67%的商户表示有一定的资金支持，其表现形式为进货价格的优惠。

而从农村商户的调查问卷可知，52%的商户不知道万村千乡市场工程的特定供货渠道，两者百分比为51.74%和48.26%；在资金支持方面，60.08%的农村商户表示不了解国家有资金方面的支持（见图1、图2）。

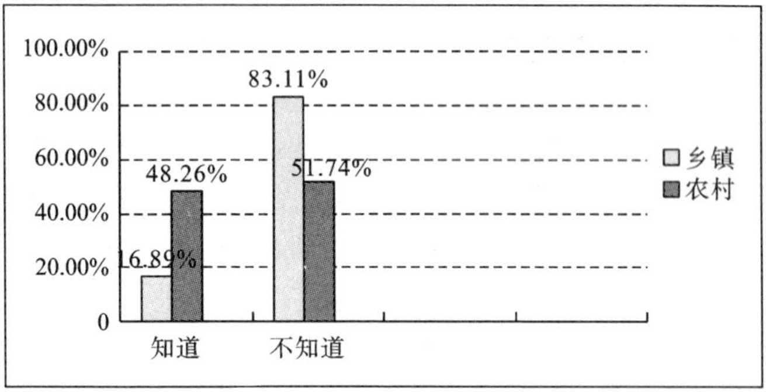

图1　商户对于特定供货渠道的知晓情况

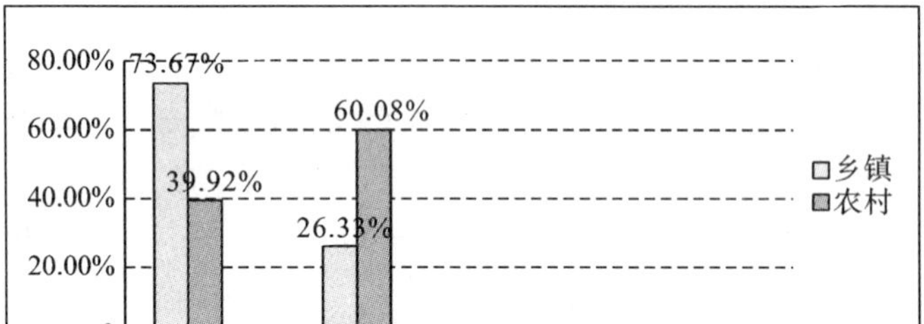

图2　商户对于资金支持情况知晓情况

（二）万村千乡市场工程给乡镇农村零售业带来的变化

“以前买东西都要到很远的自由市场，路远不说，还经常买到假货，短斤少两更是常事，自从家门口开了个大超市，什么东西都有，和城里的超市没什么两样。”60 多岁的重庆市酉阳县麻旺镇的老大爷，一边在货架上挑选商品，一边和我们聊着超市给他的生活带来的变化。现代化农村商业是怎样的模式？农村的消费潜力到底有多大？万村千乡市场工程使乡镇以及农村零售业产生了怎样的变化？通过调查，我们切切实实地了解到，万村千乡市场工程在某种程度上彻底地改变了农村落后的商业设施和营销方式。同时，城乡商品双向对流，把千家万户农民小规模生产纳入大市场大循环流通体系，畅通农产品渠道，使农民在生活上真正享受到便利。在实地走访调查时，更令我们难忘的是几乎每一家万村千乡市场工程店店内的环境都非常的明亮大气，干净整洁，它们大多数是商户用自己新房的底楼布置而成，货架上的商品都明码标价，童叟无欺，可见万村千乡市场工程走进农村确实给农村的消费环境带来了显著的变化。

1. 对农民消费的影响

促进企业规范经营，营造放心购物环境。由于我国农村市场体系建设滞后，流通网络不健全，使得广大农村假冒伪劣商品泛滥，万村千乡市场工程通过发展连锁经营，物流配送等新型业态和流通方式，有效促进了经销企业规范经营，从流通和消费领域加强食品安全的监管，维护农村居民的消费权益。

2. 对农村市场的影响

长期以来，城市流通企业不愿主动开拓农村商品市场，由于政策的支持，许多有战略眼光的企业纷纷进入了农村市场，从而为繁荣农村经济创造了机遇。在农村发展连锁超市，不仅把先进的经营方式和业态带入农村，而且也推动了农村市场的有序竞争，提高了农村的商业文明，规范了农村的消费市场。

三、被调查消费者消费情况分析

（一）消费者基本调查分析

在调查过程中，我们主要调查了重庆市酉阳县下设的乡镇，例如麻旺镇正南村、长兴村，龙潭镇包家村、火车站，渤海村，梅树村，龙潭直营店等。

通过调查，我们了解到当地居民的月收入平均在1 000~1 500元（在家务农的居民主要靠养牲畜获得收入，其次就是在外务工的家人寄钱回家，收入不稳定），另外消费者的年龄呈现出“老小”的局面，年轻的居民大多在外务工，家里就留下了孤寡老人以及在家上学的孩子。调查问卷显示，58. 9%的消费者只有小学文凭，22. 0%的消费者拥有初中文凭，19. 1%的消费者拥有高中文凭（见图3）。

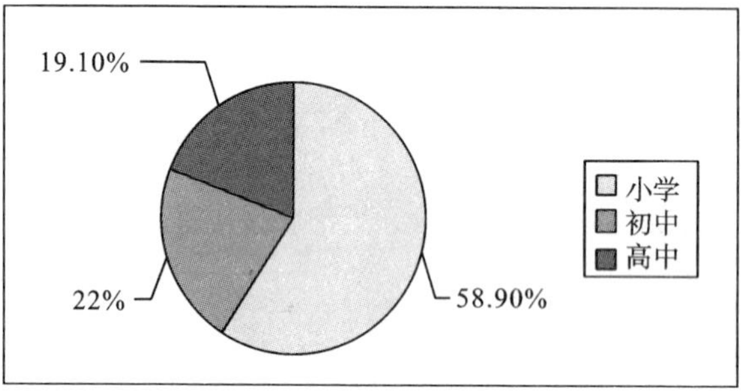

图3　农村消费者文化程度

通过调查，我们统计到大约50. 32%的农村消费者表示不知道万村千乡市场工程，平时到工程店消费是由于离家近并且种类齐全等原因，34%的消费者表示以前通过看新闻了解到万村千乡市场工程，另外，有15. 68%的消费者表示听说过万村千乡市场工程。据统计，大概96%的居民经常到万村千乡市场工程店内购物，约4%的居民偶尔会到万村千乡市场工程店内购物（见图4、图5）。

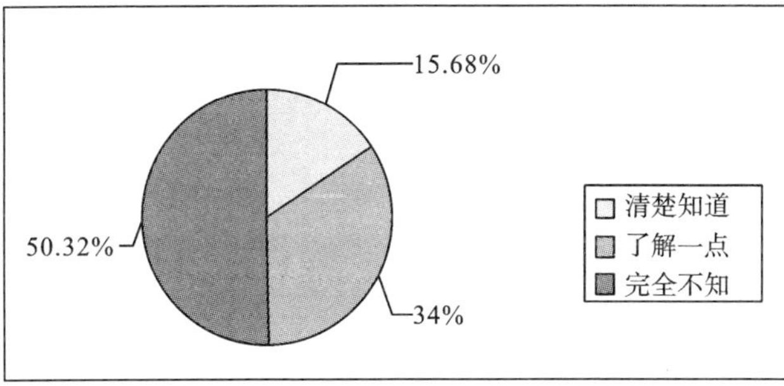

图4　消费者对万村千乡工程的了解情况

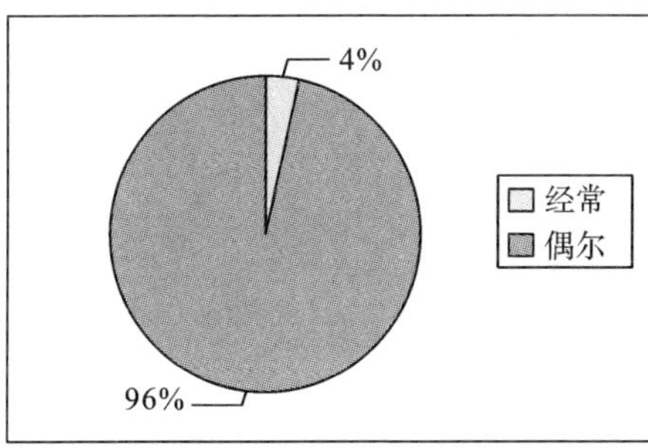

图5　消费者进店购物情况

通过调查统计，我们了解到消费者在万村千乡市场工程店内购买的主要商品是日产生活用品，例如大米，菜籽油，洗衣粉，灯泡等等，其中乡镇级的消费者在购买时更愿意选择大米，菜籽油等商品。

（二）被调查消费者的满意度情况

从调查的实际数据来看，被调查消费者对万村千乡市场工程店的满意度总体不高，而更多的消费者对工程店并没有特别的关注，他们不知道自己所购物的商店是国家政策扶持店。具体满意度如表 1 所示。

表 1　　　　　　　　　　　消费者满意度

	非常满意	满意	一般	不满意	很不满意	平均数
店 1	14	10	5	4	0	6. 6
店 2	13	7	9	5	0	6. 8
店 3	10	13	8	2	1	6. 8
平均数	12. 3	10	7. 3	3. 7	0. 33	

四、万村千乡市场工程实施情况总结

万村千乡市场工程于 2005 年 2 月开始启动，工程的主要内容是，通过安排财政资金，以补助或贴息的方式引导城市连锁店和超市等流通企业向农村延伸发展农家店，力争用三年的时间，孕育出 25 万家连锁经营的农家店，构建以城区店为龙头、乡镇店为骨干、村级店为基础的农村现代流通网络，使标准化农家店覆盖全国 50%的行政村和 70%的乡镇，满足农民消费需求，改善农村消费环境，促进农业产业化发展。

为了推动和支持万村千乡市场工程的开展，财政部会同商务部出台了对于万村千乡市场工程的专项资金扶持政策；国家开发银行向各地分行下达了贷款计划。仅 2005 年，中央财政对万村千乡市场工程项目补贴了 2. 04 亿元。2006 年，中央财政加大了资金扶持力度，对试点企业建设每个乡级店补助 3 000 元，每个村级店补助 4 000 元，中、西部地区和东北地区等，每个农家店补助标准增加 1 000 元；对配送中心贷款贴息。此外，商务部会同国家开发银行印发了《关于进一步支持农村市场体系建设的通知》，在国家开发银行对流通业提供的 500 亿元政策性贷款中，专项安排 100 亿元用于支持农村市场体系建设。

截至 2009 年 8 月底，全国累计建设改造 36 万家连锁化农家店和 1 186 个配送中心，覆盖全国 84%的县、71%的乡镇和 44%的行政村，较 2008 年分别提高了 9 个、22 个和 11 个百分点。以城区店为龙头，乡镇店为骨干，村级店为基础的农村现代流通网络正在逐步形成。万村千乡市场工程社会效益日益凸显。2009 年 1—8 月，农家店实现销售额 660 多亿元，带动社会投资 245 亿元，创造就业 32.2 万人。

万村千乡市场工程在酉阳县产生了很好的效益，成为引导农民消费、增加企业效益、搞活农村商品流通的有效载体。真正是“农民得实惠、企业得市场、政府得民心”的大好事。

1. 改善了农村购物环境，农民满意

全市共改造新增农家店营业面积 4 万平方米，使农村的小杂货店、夫妻店、小农资店通过连锁店标准化改造，成为具有超市功能的新型农家店，为农民构建了省时、省钱、省心的购物环境。万村千乡市场工程为农民朋友系上了“安全带”，搭起了“方便桥”，编织了“实惠网”。

2. 健全了农村流通网络，方便了农民

6 县 4 城区初步建成了以城市店为龙头，乡镇店为骨干、村级店为基础的农村流通消费网络。农民群众高兴地说：以前日常用品赶大圩，大件商品跑县里，现在家门口就能搞定了。

3. 开拓了农村市场，促进经济效益增长

为流通企业开拓农村市场创造了机遇，试点企业知名度大大提高，经济效益普遍增长。

4. 推动农村消费水平的提高

经过改造的农家店的经营效益普遍得到了提高，增幅均在 30%以上。

5. 吸纳了农民就业

2007 年，全市 889 家农家店中，安排农村就业人员 2 800 人，缓解了就业压力。

五、酉阳县万村千乡市场工程存在的问题

酉阳县万村千乡市场工程虽然成效显著，但是也出现了一些不足和问题。主要表现在以下几点：

（一）农家店的分布不科学、发展不平衡

由于农家店的指标及商品配送等问题影响，一些偏远山区、交通不便的地区，还没有设点，而偏远山区的农民群众对农资、农家店的需求更迫切。

从发展是否平衡方面来看，工程店的发展严重不平衡，主要表现在：第一，地区发展不平衡，大部分县区村级农家店发展较快，覆盖率较高，达到 70%，有的则发展较慢，覆盖率不到 30%。第二，生活资料和生产资料农家店发展不平衡。农家店与农资店 10∶3 的比例不适合偏远山区，在酉阳的边远山区，农资店比农家店更为重要。第三，解决农民买难和卖难问题。万村千乡市场工程所建立的流通体系应该是双向流通模式，一方面，把生活资料和生产资料送下乡，解决农民的买难问题；另一方面，在解决农民卖难问题上还很薄弱。

（二）农家店的建设存在“三轻”“三重”问题

重建设，轻管理。承办企业大都重视农家店建设的数量，对于如何有效管理，却因其规模小、销售额少而不受重视。

重加盟，轻服务。承办企业大多关心有多少农家店加盟，换成承办企业的牌子，面对如何指导、如何根据当地的实际需要提供有效的服务，普遍缺乏关注和研究。

重销售，轻配送。承办企业大都只关心农家店的销售情况，

很少考虑如何有效、及时地进行商品配送，导致配送时间过长，配送不及时，影响了部分农家店的经营。特别是偏远山区、交通不便的地区的商品配送成本加大，试点企业配送商品的运输工具跟不上，造成部分农家店货源供应不足和断档。

（三）试点企业的配送中心的建设改造问题突出

多数的配送中心的场地是租用，由于业务扩大，建设与经营相适应的仓储是试点企业普遍的要求。这项工作实际操作起来问题很多，征用土地较难，贷款手续难办。农家店的配送率和成活率等问题，均是检验万村千乡市场工程成败的关键所在。配送率是前提，价格是基础，如何解决这方面机制上存在的问题，是工程店长期发展的基础。

（四）农家店营销问题

农家店怎样因地制宜地策划营销方案？怎样进一步适应农村的生产生活方式？如何进行促销活动？如何利用农民的消费习惯进行销售？是否可以以物易物？是否可以赊账购物？这些问题都需要我们积极探讨。

（五）农家店的后续管理问题

万村千乡市场工程后续工作任重而道远，目前的情况是成熟型的企业少，成长型的企业多，农家店建好后，其维护管理更为重要。今后农家店的长效管理机制，农村流通网络的维护及发展问题，亟须我们认真研究。

（六）农家店的资金问题

改造后的农家店和传统意义上的夫妻店、小杂货部就发生了根本性的变化，流动资金的需求量也由此发生了变化，因此流动资金不足的问题较为普遍。这也是关系到农家店成活与否的重要问题。所以，解决农家店流动资金不足的问题，要尽快提上议事日程。

六、建议与对策

为了进一步推进酉阳县万村千乡市场工程建设，繁荣农村商业，特提出几点建议与对策。

（一）建议

1. 坚定不移抓信息化建设

万村千乡市场工程信息化建设，实现了功能的有效拓展，为龙头企业商品配送奠定了基础，增强了农家店的造血功能，一举多得。

2. 多种举措提高配送率

继续扶持龙头企业商品配送中心建设改造，通过硬件提升、规范化管理、信息化改造，真正实现从仓库到配送中心的转变。鼓励支持万村千乡市场工程日用品、农资龙头企业组建市（区）级层面的紧密型实体，开展联合采购配送，建立区域性采购联盟，形成大规模批量采购，降低采购成本，增强市场竞争力。以区县为单位，由万村千乡市场工程龙头企业牵头，整合现有农村商品总代理、总经销商、各类批发商，组建联合配送联盟，节约社会物流成本，控制农家店商品源头，满足农家店需求。通过全面推行农家店信息化改造，实行电子订货，提高配送效率，促进龙头企业与农家店形成紧密合作关系。

3. 系统推进功能拓展

借鉴信息化模式的经验，整合农村供销、农业、邮政、电信、医药、烟草等流通资源，集聚农村流通要素，探索农村流通集约发展的商业模式，发挥各自优势，整合物流渠道，实施终端商品集成，充分发挥村级农家店的功能，逐步实现“一网多用”。稳步推进农村商贸服务中心试点，把有条件的万村千乡市场工程乡镇超市改造为集商业、服务、休闲、娱乐、文化等功能为一体的农村商贸综合服务中心。全面开展农村流通六大网络体系建设。在现有万村千乡市场工程日用消费品销售、农业生产资料供应、农村信息服务三大功能的基础上，搭载农产品收购、再生资源回收、农民生活服务三大功能，最终把万村千乡市场工程建成集日用消费品销售、农业生产资料供应、信息服务、农产品收购、再生资源回收、农民生活服务于一体的网络体系。

4. 开展示范创建

每年评选表彰一批示范龙头企业、示范乡镇超市、示范农家店，通报表彰，公开授牌，并给予必要的物质奖励。通过万村千乡市场工程示范创建活动，树立典型，加大宣传，带动农家店“比”“学”“赶”“超”。

5. 加强日常管理

落实考核指标，细化考核内容，建立指标考核体系，采取委托第三方抽查、组织专家打分、明察暗访等形式，对基层商贸流通主管部门及承办龙头企业日常工作开展情况、农家店成活率、配送率等重要指标进行严格考核。督促基层商贸流通主管部门加强对承办龙头企业及承办龙头企业对农家店的常态化、规范化管理，真正实现万村千乡市场工程网络连得起、锁得住。

6. 完善退出进入机制

每年组织一次对承办龙头企业工程建设质量、运营状况、发挥作用及取得的效果进行一次全面的“回头看”，分企业和农家店两个层面进行全面客观评估。对照标准与规范，一般问题，限期整改，限时验收。对未开展农家店日常管理的、根本未开展日常配送的，以及有各种违规行为的龙头企业，要下决心淘汰一批，追回扶持资金；对已经名存实亡的农家店要责令承办企业另选重建。同时，根据实际情况，补充核准一批承办龙头企业，新建一批农家店。

（二）对策

激活酉阳农村市场是一个大课题，如何进一步深入地实施万村千乡市场工程，有效地搞活农村商品流通，确实是需要深入思考的问题。任何一项工程应该是系统的、渐进的、长期的。我们应该对万村千乡市场工程树立长远发展的思想，建立长效运行机制，切实抓好以下几项工作：

1. 实事求是、因地制宜地对农资店、农家店进行布局

全市各县、区之间地域环境、经济基础条件等有明显差距，偏远山区更是情况特殊。推进万村千乡市场工程要从实际出发，因地制宜制定项目规划和实施方案。要根据当地农产品发展水平，农民消费需求和特点，建设和改造农家店。既要保证完成覆盖任务，又要避免不必要的重复建设。

2. 注重扩大农家店的服务功能，提高农家店的市场竞争力

酉阳县万村千乡市场工程是服务农村、造福农民的一项重要工作。必须努力增加农家店的服务项目，扩展服务功能，为农民提供更多的服务。要根据农民的需求，积极扩大经营品种，要对农家店的烟草专卖、食盐专卖、药品专卖、酒类零售、农药销售等办证提供优惠，丰富农家店的经营项目；要向农民提供物美价廉、适销对路的商品。

3. 切实搞好日常生活、生产用品的经营

酉阳县要切实搞好日用消费品和农业生产资料的经营，进一步营造安全、方便的购物环境。

4. 积极探索“一网多用”、城乡互动的经营思路

酉阳县应逐步开展农产品收购，把工业品下乡与农副产品收购结合起来，实现双向流通，真正解决农民买难、卖难的问题。

5. 应做好送货上门、售后服务等工作

农家店的开设要做到便民、利民，贴近农民，服务农民，扎根农民。把当地农村的商品流通工作做大做活。

6. 要构建“三级配送”，增强农家店生命力

提高商品配送率是搞好万村千乡市场工程的核心和关键，也是农家店持续发展的关键，关系到工程的成败。因此，在经营环节上，要加强连锁配送管理，提高农家店配送率。

（1）要做好配送中心的建设与改造工作。按照商务部出台的相关标准，在全市建设、改造一批市、县、乡三级商品配送中心，将农家店商品的配送工作落到实处。

（2）要积极探索试点企业集中联合采购方式。联合采购可以降低配送成本，是提高配送率的重要环节。要指导组织试点企业自愿联合，对外集中采购，争取以最优惠的价格，把安全、实惠的商品配送到连锁农家店，真正让农民受益。

（3）要进一步加大扶持力度，保证连锁配送这一现代流通方式长期稳定发展。对配送中心的建设和改造用地可以优先征用；对配送中心的建设和改造贷款应加大贴息额度，让配送中心早日走上高效、低耗的运营轨道。从而加大农家店的商品配送率，增强农家店的生命力。

7. 加强对“万村千乡市场工程”的全程跟踪监督与管理

为确保“万村千乡市场工程”持续健康发展，有效的监督、管理是必要的，相应的监管机制也是必需的。建议出台《酉阳县万村千乡市场工程农家店经营监督管理办法》。以明确市、区县商务主管部门对辖区内的农家店经营活动实施监督管理的职责；规范农家店的经营行为；保护当事人的合法权益。进一步规范农村消费市场，为农家店创造公平有序的竞争环境，促进农家店经营健康有序的发展。

8. 税务和金融部门要对农家店给予切实可行的扶持

酉阳县税务局要对农家店新增的税费实行减免措施，以降低农家店的经营成本，保证农家店的盈利水平；商务主管部门、试点企业、农家店要积极与金融部门联系，寻求解决农家店的

融资办法，保证农家店的正常资金流动。

9. 加强队伍建设，提高农家店人员素质

充分利用各类培训资源，开展多种形式培训，使农家店从业人员掌握政策，了解连锁经营的内容和业态，熟悉农家店建设的标准和具体操作办法，转变经营理念，改善经营管理，提高服务水平，为农家店持续、健康、长远地发展打好基础。

参考文献

[1] 林超群."万村千乡"市场工程存在的问题及对策 [J]. 农村经济与科技，2007 (1).

[2] 许铭仁. 关于"万村千乡"市场工程的研究综述 [J]. 农村经济与科技，2011 (8).

[3] 江若尘，陈宏军."万村千乡市场工程"农村日用品连锁超市店绩效的实证调查与分析 [J]. 江苏论坛，2009 (6): 54-63.

[4] 高延鹏. 开拓农村市场对策研究 [J]. 北方经济，2004 (6).

[5] 马瑞光. 万村千乡工程的成功密码 [J]. 现代商业，2006 (8).

[6] 李沉. 开进"万村千乡"的连锁超市 [J]. 金陵瞭望，2005: 23-24.

[7] 高于萍. 现代流通网络直通"万村千乡" [J]. 物流时代，2006 (3).

[8] 魏军平. 万村千乡建设农村商业新模式 [J]. 国际广告，2006 (5).

[9] 李斌."万村千乡"工程改善农村消费环境 [J]. 人民论坛，2006 (3).

重庆市巴南区万村千乡市场工程调研报告

——渝百家与凤梧超市的对比研究

谭　鹏[①]　麦钰婷[②]

调研时间： 2015 年 3 月 7 日—14 日

调研地点： 重庆市巴南区

调研手段： 实地走访，问卷发放

一、被调查商户经营情况分析

通过走访调查，我们团队共在巴南区找到 6 个万村千乡工程店，其中有 4 家分布在巴南区一品镇的一品正街、桥口坝村以及安澜镇的安澜街、龙岗社区，其余 2 家分布在南彭镇的南湖路、鸳鸯村。

（一）商户的基本情况

1. “HSP 渝百家”连锁超市商户情况

（1）巴南区南彭镇南湖路 8 号，个体户经营的社区便利店，营业面积约 40 平方米。据了解，户主的店面属于自建楼房中的

---

① 谭鹏系重庆工商大学贸易经济专业 2012 级 1 班学生。

② 麦钰婷系重庆工商大学贸易经济专业 2012 级 1 班学生。

一个店铺，挂有“重庆市万村千乡市场工程店——HSP渝百家”（南彭便民店）的广告牌。但广告牌是广告公司免费为户主挂的，户主称并不知道有“万村千乡市场工程”的政府扶持政策，在2014年挂牌之后也并没有得到任何扶持资金。从外部门面上看，左边贴有“助农服务点”的牌子，右边贴着“移动服务站”的牌子。从整个店面销售环境来看，柜台有两个，摆放在货架上的商品数量很少，在50~100种左右。店面属于小卖部的业态形式，仅供满足普通的日常需求。同时，户主认为挂牌之后对便利店的经营状况并没有任何影响，也认为该工程并没有改善农村流通和零售业经营的局面。

（2）渝百家鸳鸯村便民店，个体经营的村级便民店，经营面积60平方米，“万村千乡”挂牌时间2014年5月。

（3）巴南区南彭镇鸳鸯村，“重庆市万村千乡市场工程店——HSP渝百家”（鸳鸯村便民店），个体户经营的村级便利店，营业面积在60平方米左右，店内环境一般，地面整洁，内有监控，有货柜5个，商品种类超过200种，商品数量达1 000个，属于便民店的业态类型。根据调查，鸳鸯村店店主也并不知“万村千乡”工程，店主称该店于2014年由政府免费挂牌，但并没有获得任何扶持资金。在我们告知店主政府对万村千乡市场工程的实施措施是给予企业政策和资金上的支持后，店主十分惊讶，认为政府挂牌后既没有给予扶持又不告知该工程的目的，是一种无作为的行为。如果政府能够在实施挂牌前告知详情，店主肯定会坚持参与商务部的这一工程，所以希望政府能够在工程实施前告知该工程的实施目的。

2.“凤梧超市”连锁超市商户情况

（1）巴南区安澜镇安澜街27号，“重庆市万村千乡市场工程——凤梧超市”（安澜店），营业面积在300平方米左右，店内环境优良，地面干净，有3个以上摄像头位于超市内部。超市内部有五层式和六层式的货架，高度在 1.6~2.0 米。属于凤梧超市（凤梧商贸有限公司）的食品超市，员工人数 10 名，店内货柜摆放规律，商品种类较为丰富，商品种类在 5 000 种以上，同时商品有指示招牌进行种类分区。据员工称，“重庆市万村千乡市场工程”的指示牌也是在 2014 年添加的，员工并不知该工程，对政府是否给予扶持也不了解。员工只知道“凤梧超市”的商品进货渠道都是由总部进行配货、供货、运输，即便是 2014 年挂牌后该店的营业情况也并无任何变化。

（2）巴南区安澜镇龙岗社区龙新街 28 号附 3 号，“重庆市万村千乡市场工程——凤梧超市”（龙岗店），2015 年春节前开业。营业面积为 150 平方米左右，货柜分为 1.6 米、1.8 米及 2.0 米规格，均为 6 层。店内整体装修统一，设备崭新，内有监控 8 个，商品新鲜，种类丰富，分区明确，但人流量少。店内有 6 名员工，每天 3 名员工早晚班轮流上岗。员工称由于是最近才参与了“万村千乡市场工程”的挂牌，所以对于该工程是否给予了政策和资金支持也不知晓。

（3）巴南区一品镇一品正街店（一品中学正对面），位于一品镇镇中心，周围有学校、银行、酒楼等建筑，是实地调查四个凤梧超市店中面积最大，经营时间最久的一家大型超市。经营面积在 700~800 平方米，是能够满足顾客综合购物需求的零售业态超市。店内整体装修统一，但货柜、货架设备较为陈旧，商品种类超过 10 000 种，商品数量多。店内虽有少数商品分散，但有明确指示牌规范商品区域，为消费者提供购物便利性，人流以附近居民以及赶集出现的人流为主。据店员所说，凤梧超市一品店成立已久，但是“重庆市万村千乡市场工程一品商贸中心”的牌系 2014 年才增加。店员对于该店是否接受政府政策和资金的扶持也并不知情。在 2014 年挂牌后，该店的经营状况也并没有发生任何的变化。

（4）巴南区桥口坝村2组80号，是一家村级日用品店。“重庆市万村千乡市场工程——凤梧超市”（桥口坝村便民店）属于加盟店，据户主说该店与相邻的一品镇店、安澜镇店的挂牌时间是一致的，店内商品进货渠道全部都是由“凤梧超市”统一配送到位。该店营业面积为20平方米左右，空间狭小，分类不明确，货架空间较窄，人流以附近居民为主。自从2014年10月参与万村千乡市场工程后，便利店的经营并无任何变化。店主表示，如果政府对该工程有详细的说明和实施措施，自己将会坚持参与商务部的这一工程。

（二）商户销售业绩分析

调查小组经各种形式的周密调查，将所调查的具有代表性的店铺的总体经营情况做了梳理，用收银台数量、人力资源、经营情况、配送情况、客流量等多方面指标反映真实的经营效率，具体数据如表1所示。

表1　　万村千乡市场工程商户经营业绩情况

商户	南彭店	鸳鸯店	安澜店	一品店	龙岗店	桥口坝店
收银台(个)	0	0	2	2	1	0
员工总数(人)	3	3	10	16	6	3
营业面积(平方米)	40	60	300	700	150	20
商品种类(种)	100	200	5 000	10 000	5 000	100
配送频率(次/月)	2	8	6	8	4	4
人流量(人/小时)	10	50	70	150	30	100
上年度收入(万元)	1.5	30	119	238	—	55

1.“渝百家”连锁超市商户业绩情况

（1）南彭店每个月月销售额约1 000元，个体户经营，属于社区便利店，主要员工就是店主及店主的家人。该店总经营面积是40平方米，商品品种在100种以内，且商品种类主要是日用品。通过对该店月销售额的估算，可以得出该店上年度收入约为115万元。

（2）鸳鸯村店月销售额约为2万元，个体户经营，属于村级便利店，员工是老板的家人。该店有2个铺面，总经营面积为60平方米，商品种类在200种以上且单品较多，主力商品是副食品。根据店主提供的月销售额数据，可以估算出该店上年度收入在30万元以内。

2.“凤梧超市”连锁超市商户业绩情况

（1）“凤梧超市”安澜店，共有员工10名，该店总营业面积为300平方米左右。该店商品单品数量丰富，商品种类在5 000种以上，主力商品为副食和生活日用品。人流量为70人/小时，总部商品配送频率在2次/周。根据资料显示，该店上年度收入为119万元。

（2）“凤梧超市”龙岗店，共有员工6名。该店总营业面积在150平方米左右，店内所有设备崭新，商品种类丰富数量繁多，主力商品为副食、日用品等。由于该店在2015年春节期间重新开张，所以该店上年度收入未知。

（3）“凤梧超市”一品店，共有员工16名。由于店内有2个出入口，则有2个收银台，可以分散客流加速结账率。店内总营业面积是700平方米，商品种类超过10 000种，总部商品配送频率为8次/月，人流量达到150人/小时。根据资料显示，该店上年度收入为238万元。根据我们的调查，凤梧超市的员工每个月的工资是1 250元。

（4）“凤梧超市”桥口坝店，个体户经营，属于村级便利店。总经营面积是20平方米，商品种类少于100种。主力商品是烟、酒、副食、日用品，总部配送频率为1次/周，人流量为

100 人/小时。据店主所说月销售额约为 4 万~5 万元，可估算该店上年度收入约 55 万元左右。

各店 2014 年销售收入情况见图 1，商品种类情况见图 2。

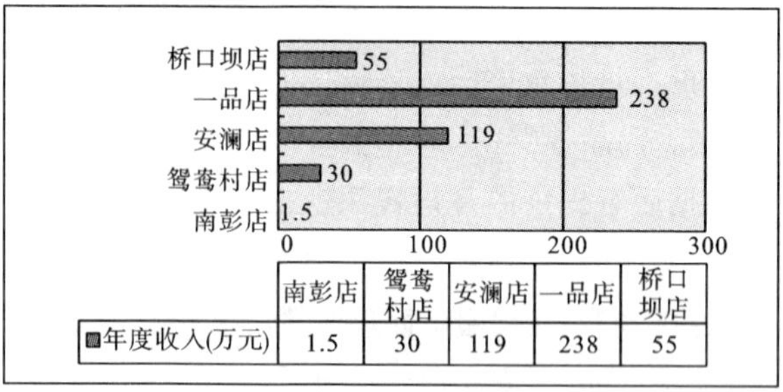

图 1　商户 2014 年销售收入

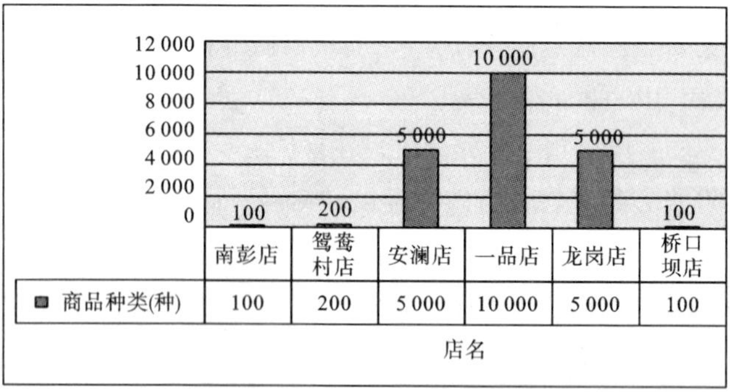

图 2　商户 2014 年商品种类

3. 渝百家的万村千乡工程店与凤梧超市万村千乡市场工程店的对比分析

首先，从“渝百家”和“凤梧超市”两个万村千乡市场工程店的员工数可以看出，统一的经营管理让“凤梧超市”整体看起来正规、有序。营业面积的大小能够为商品摆放的数量提供空间，宽敞的营业面积既可以增加商品种类和数量又可以增加客流量从而提高顾客的停留时间，而这是“渝百家”的弱势。

其次，商品种类的多少决定了店铺是否能够满足顾客的需求。从图 2 中可以看出，“HSP 渝百家”的南彭店和“凤梧超市”的桥口坝店经营商品种类差不多，但是从表 1 中两个店的配送频率来看，桥口坝店每月 4 次的配送次数反映了其年度收入远高于南彭店。影响配送频率的因素有许多，人口、商品位置、运输速率等，比如说“凤梧超市”的龙岗店，由于地理位置偏僻、人口少、开业时间短，人流量较少，其配送频率就较低。

最后，上年度收入反映了该店的经营情况。“凤梧超市”的桥口坝村店的上年度收入超过了“渝百家”的南彭店、鸳鸯店的上年度收入总和。且“凤梧超市”的安澜店、一品店的上年度收入都超过了 100 万元，这反映了“凤梧超市”的一体化作业、集中送货的经营模式具有优越性。

（三）万村千乡市场工程给乡镇级农村零售业带来的变化

根据调查数据及资料显示，万村千乡市场工程并没有给乡镇级农村零售业带来明显的变化。在 2014 年参加该工程之后，“HSP 渝百家”和“凤梧超市”的店铺营业面积、收银台个数、员工人数、配送频率等指标都并没有任何改变。据对店主和员工的调查，大家都并不知晓该工程的作用和目的，这是万村千乡市场工程开展的第一步，却并没有经营好。

“HSP 渝百家”与“凤梧超市”作为万村千乡市场工程的代表店铺，第一步都没有经营好，接下来的实施工作就更难达到预期效果。

二、消费者消费情况分析

（一）消费者基本情况

本次调查发放问卷 100 份，有效问卷 80 份。根据消费者调查问卷可以知道，我们所选的被访者均为一品镇、安澜镇、南彭镇的常住居民，有学生、个体户经营者、教师等消费群体，年龄分布如图 3 所示。

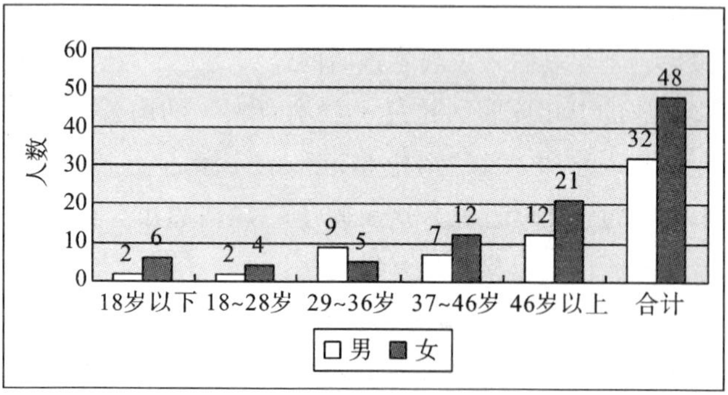

图 3　被调查消费者年龄情况

从调查结果中不难看出，消费群体中女性居多，年龄在 40 岁以上的人数最多。

（二）消费者对万村千乡市场工程店的基本认知

从我们的调查结果来看，知道万村千乡市场工程的消费者仅占 2.5%，而不知道万村千乡市场工程的消费者占 97.5%。

（1）从“渝百家”的南彭店、鸳鸯店所调查的消费者的情况可以得出以下结论：

①万村千乡市场工程店在南彭只有 2 家，据南彭店店主所称以前也有，但是很多都已经摘牌了。调查中，98% 的消费者认为万村千乡市场工程并没有改善周围零售市场的经营环境，

同时在购物时也并没有优先选择万村千乡市场工程店进行购买。

②对于商品的质量、价格、种类，90%的消费者不会在意其质量和种类，只是在意价格是否低廉。5%的消费者会考虑商品的质量，另外5%的消费者则在意店铺的经营环境及服务员的态度和水平。

③消费者在选择购物时，并不知晓该工程的目的，这些店的地理位置都比较好，位于笔直的马路边上，适合停靠购买但不适合长时间逗留。

④被访者中80%都不进行网购，只有20%的消费者会偶尔利用手机进行网购。大多数消费者认为2014年挂牌后，这些零售店铺没有任何变化，数量上没有增加且人员也没有明显的变动。

⑤对于消费者而言，零售业的发展是事不关己的事情。店主则认为对于小城镇零售业的发展，政府应该给予政策上的鼓励和资金上的支持。只有做好工程建设的第一步，接下来的每一步才能走得稳。

（2）从对“凤梧超市”的安澜店、一品店、龙岗店和桥口坝店的调查来看：

①龙岗、安澜、一品、桥口坝是一条线上相连的店，由于经营面积大、商品种类丰富，所以大多数居民都会选择这些店进行购买。95%的消费者并不是因为其在2014年挂牌为“万村千乡市场工程店”而选择购买，而是因为这几家店的经营时间比较久，消费者对店中的商品和环境比较熟悉。

②90%的消费者认为凤梧超市的商品价格与其他零售店并没有多大的差距，他们在选择商店时，商品的种类、质量不是主要考虑因素，价格才是首要指标。

③大多数居民都知道在从龙岗到桥口坝的路上有4家连锁

的“凤梧超市”，95%的居民认为该超市的位置比较便利，经营面积大、广告牌文字醒目、商品种类丰富，为居民的日常生活提供了便利。

④镇上居民多数家里是通网的，但是并不经常网购。如果真的要进行网购的话，他们还是会用电脑。

⑤由于消费者对该工程并无任何了解，多数人认为零售店铺只要能售卖顾客所需商品即可。少数人认为一个商铺不仅是为了满足顾客需求，还要在商品的数量和质量上有所改变，如果想改进整个城镇的零售业，就要牵一发而动全身，打造一个优秀的店铺进而带动整个小镇零售业的发展。

（三）消费者对万村千乡市场工程店的满意度分析

调查小组重点调查了消费者对万村千乡市场工程店的满意度，希望这一调查对万村千乡市场工程店的后期扶持和改造有一定的参考作用，并希望通过调查深入了解农村消费者满意度的影响因素，以便深入研究农村零售市场的相关问题。通过调查和整理，被调查地区的农村消费者对工程店的满意度不高，具体情况如表2所示。

表2　　农村消费者总体满意度

农村总体满意度	非常满意	满意	一般	不满意	很不满意
鸳鸯村店	0	25%	65%	10%	0
桥口坝村店	0	19%	75%	6%	0

1. 村级便民店“HSP渝百家”（鸳鸯村店）和“凤梧超市”（桥口坝村店）

一方面，这两个村级便民店所售卖的商品种类较少，消费者在这两家店里购买的主要商品类型是：日用品、粮油副食及烟酒。鸳鸯村店有200余种商品，多数消费者对店内销售的商品种类满意度不高。桥口坝村店经营面积小且商品品种只有 100 种左右，但有“凤梧超市”的统一供货来源，商品质量有保障。90%的消费者在购买商品时对质量不用担心。

另一方面，两个村级便民店的地理位置相似，都位于公路的右侧，有停车位，可以满足消费者停车的需求。所以大多数消费者到这两家店购买商品的主要原因是交通方便，便利性强。

2. 乡镇便民店（社区）“HSP 渝百家”（南彭店）与“凤梧超市”（安澜店、一品店、龙岗店）

首先，作为乡镇便民店的“HSP 渝百家”南彭店，属于个体户经营，该店的所有权和经营权都属于店主本人。整个店由 2 个门面组成，一半用于经营、一半用于生活，营业面积只有 40 平方米，商品的种类只有 100 种左右，主要针对的消费群体是附近居民。消费者在该店购买的商品主要包括生活用品、烟酒副食。由于商品种类和数量少，未能满足消费者的生活需求，消费者在该店购买的主要原因是其便利性。

其次，乡镇级便民店的“凤梧超市”中，安澜店和一品店开设时间都在 5 年以上。龙岗店经过翻新，2015 年春节期间重新开业。安澜店、一品店、龙岗店均属于加盟店，其内部和外部装修布局统一，店内商品属于总部集中配货送货。多数消费者对这 3 家店的内部和外部装修布局比较满意，对购买环境和卫生程度都非常满意。从图 4 可以看出一品超市内部规划非常合理，容易激发消费者购物时的好奇心，从而增加消费者逗留时间；同时，大多数消费者对店内的商品种类、商品布局和陈列都比较满意。但是，由于员工人数多，不属于自营业务，容易导致员工态度不积极。所以 30%的消费者对店内服务人员的态度和工作效率满意度不高。

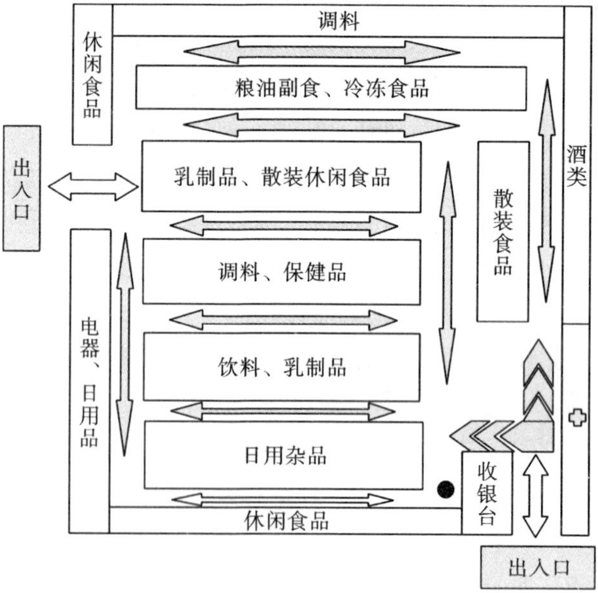

图 4　一品超市内部布局示意图

从表 3 和图 5 可以看出，总体上，消费者认为“HSP 渝百家”的营业面积、商品种类、商品数量、商品质量等都无法满足大多数消费者的需求。既然 2014 年已经参与该工程，政府就应该在政策和资金上给予支持，对店铺的内部和外部进行整合管理、帮助南彭便民店增加营业额，而不是仅仅挂个牌匾。“凤梧超市”便民店的消费者认为该超市属于统一管理，整体布局较好，对商品种类、数量、质量的总体满意度高，对店内退换货方便、快捷程度满意。

表 3　　　　　　乡镇消费者总体满意度

乡镇总体满意度	非常满意	满意	一般	不满意	很不满意
安澜店	8%	43%	45%	4%	0
一品店	4%	53%	40%	3%	0
龙岗店	0	28%	70%	2%	0
南彭店	0	10%	70%	20%	0

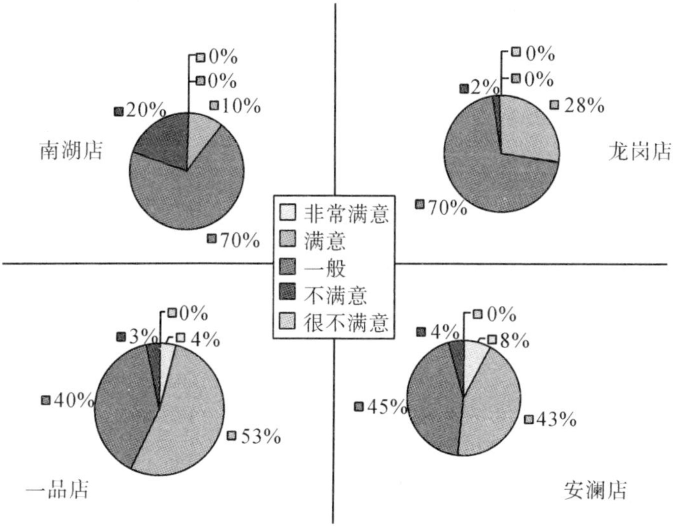

图 5　四店满意度调查结果

三、万村千乡市场工程实施情况总结

（一）万村千乡市场工程店的总数少，覆盖面不大

经过调查，南彭镇有一家社区便民店（南彭便民店），一家村级便民店（鸳鸯村便民店）；一品镇有一家镇级商贸中心（一

品商贸中心），一家村级便民店（龙岗便民店），安澜镇有一家社区便民店（龙岗便民店），一家镇级便民店（安澜便民店）。平均一个镇有1家万村千乡市场工程店，每个村（社区）有1家便民店，店铺覆盖率只有50%。

（二）业绩上总体不理想

从调查结果来看，万村千乡市场工程自2005年以来，存在三方面的问题，一是虽然数量上逐步增加，乡镇和农村的店铺覆盖率有所提高，但是“万村千乡”却没有改变乡镇人民的生活。二是大型流通企业没有真正帮助小型流通企业实现配送资源共享。经调查，各店的加盟均流于形式，没有真正发挥龙头企业的作用。三是有“商务部”标识的重庆市万村千乡市场工程店没有切实保障乡镇村级便民店的商品质量，提高消费者的信赖程度。

（三）对销售额增长没有促进作用

据实地调查，从2014年后巴南区6家万村千乡市场工程店的销售情况、员工人数、营业面积、销售规模可以看出，在加入该工程后，店铺的销售额并没有明显的变化。

（四）对店铺的经营没有促进作用

从调查的6家店铺来看，挂牌加入万村千乡市场工程以后，其营业面积、员工人数、收银台人数、商品种类及数量、货物配送频率以及销售额都没有任何的改变，但是从“凤梧超市”桥口坝村加盟之后，虽然经营业绩没有任何变化，但是有了统一的配送流程体系，实现了大型零售商帮助小型零售商的资源共享模式。

四、重庆万村千乡市场工程存在的问题

（一）政府对该工程的宣传与实际支持力度不够

根据调查结果显示，被调查的6家“万村千乡”市场工程店的员工和店主都不知道该工程的目的和政策的内容。消费者在被调查时也并不知晓该工程进行的目的，对消费者的好处是什么。80份有效问卷中97.5%的消费者不知道该工程。

（二）政策扶持和资金资助未落实

在2014年挂牌后，巴南区政府并没有对店主进行政策上的扶持和资金上的资助。根据财政部会同商务部出台的对于万村千乡市场工程的专项资金扶持政策，国家开发银行向各地分行下达了贷款计划表，对试点企业建设每个乡级店补助3 000元，每个村级店补助4 000元，对中、西部地区和东北地区等老工业基地，每个农家店补助标准增加1 000元。但巴南区政府仅仅进行了“万村千乡”挂牌，并没有对店铺给予任何资金上的扶持。

（三）商户参与程度不高

通过调查，个体户经营的南彭便民店、鸳鸯村便民店以及桥口坝村便民店，均属于被动参与该工程。并且，前两家店铺仅仅是政府挂牌，并不了解该工程的目的和用处。桥口坝村便民店则是“风梧超市”邀请加盟，所有的挂牌和资金补助都由“风梧超市”包办。

（四）消费者未享受到消费优惠

由于政府对商铺没有任何的资金补贴，所以工程店与其他店铺相比商品价格并没有优势，甚至更高。这就导致消费者在工程店进行购物的时候无法享受政策的间接优惠。

（五）乡镇村级消费者的消费观念不合理

被调查的消费者中，大多数在购买商品时仅看重商品价格，

对于商品的质量并不关心。这种消费观念并不合理。

（六）市场信息化传播程度不高

从2005年开始推广的万村千乡市场工程距今已经整整10年，巴南区政府却在2014年才开始对这6家店铺进行挂牌。对于大量不知情的店主和消费者来说，也没有得到国家的政策扶持和帮助。这说明万村千乡市场工程的宣传和扶持信息推广力度不够，政府在推广政策时没有借助有力的媒体进行信息传播。

五、对策与建议

（一）政府要加强对万村千乡市场工程的宣传

利用广播、电视、网络等媒介加大对万村千乡市场工程的宣传力度，对挂牌的店铺进行宣传，从而间接让消费者真正了解该工程的内容。

（二）政府应该认真贯彻落实“万村千乡”政策

为促进乡镇村流通业的发展，政府应该落实优惠政策，切实给予店主资金支持，帮助工程店降低经营成本。

（三）引导消费者合理消费

政府应该积极宣传正确的消费观念，扭转消费者在购买商品时只在乎商品价格而不关心商品质量的错误观念。

参考文献

[1] 重庆市统计局，国家统计局重庆调查总队. 重庆统计年鉴2014 [G]. 北京：中国统计出版社，2014.

[2] 戴林丽，李光跃. “万村千乡”市场工程中赋予乡级店二级配送功能的构想 [J]. 农村经济，2007 (12).

[3] 王华荣. 构建农村消费安全保障体系的理性思考 [J].

中国流通经济，2011（8）.

［4］李芬儒，忻红.“万村千乡”市场工程建设理论指导和模式选择［J］. 中国流通经济，2007（11）.

［5］李芬儒，李东. 建设农村连锁零售业态的途径——兼谈“万村千乡”市场工程建设［J］. 经济论坛，2007（10）.

［6］刘玉萍，郭郡郡，胡碧玉.“万村千乡”的推广难题及其解决对策［J］. 农村经济与科技，2008（10）.

［7］张武康.“万村千乡”市场工程长效机制构建的探索［J］. 经济论坛，2007（20）.

［8］贺西子，寇丽霞. 推进中国农村流通现代化研究［J］. 重庆科技学院学报（社会科学版），2011（2）.

［9］金桂英. 对推进农产品流通现代化的若干思考［J］. 商场现代化，2007（34）.

［10］张迎新，荣薇.“新合作”农村连锁超市物流配送体系研究［J］. 中国市场，2008（2）.

重庆市万州区万村千乡市场工程调研报告（二）

黄晓军[①]　向　姣[②]

调查时间： 2015年1月17日—3月15日

调查地点： 重庆市万州区

调查手段： 实地调查，问卷调查

一、被调查商户经营情况分析

为了更好地了解2005年以来国家商务部为了繁荣农村商贸流通，确保农村居民能够购买到放心的商品而实施的一项利民惠民工程——万村千乡市场工程的实施情况，笔者对万州区进行了调研。

（一）被调查商户的基本情况

在本次调查中，一共调查商铺24户，访问消费者156人。调查对象全部属于农村商户和消费者。

调查发现，万村千乡市场工程的乡镇商户覆盖率为0。这一结果与商务部要求有较大出入。商务部要求村和乡镇实现万村千乡市场工程的100%覆盖。而2009—2011年关于万州区万村

---

① 黄晓军系重庆工商大学经济学专业2012级1班学生。

② 向姣系重庆工商大学经济学专业2012级1班学生。

千乡市场工程店覆盖率的相关报道和资料显示，万州区实现了万村千乡工程村级和乡镇级全覆盖。而我们实地调查的结果却并非如此，这也可以说明政府政策的落实与宣传不实。

从2015年1月17日开始，调研团队分别在龙驹镇、罗田镇、恒合土家族自治乡、新田镇、长滩镇、梨树乡、长岭镇、走马镇、高峰镇、甘宁镇、太安镇、白羊镇、太龙镇等13个乡镇进行“地毯式”搜索，通过询问当地百姓找到不少便民超市，但其中并没有万村千乡市场工程店。

经新田镇工商行政管理工作人员解释，万州区万村千乡市场工程店只存在于行政村，正常情况下是每一个村设立一个万村千乡市场工程便民店。

于是调研团队深入行政村走访了24家万村千乡市场工程便民店。24家农村商户主要分为腾龙超市和福意超市两类，在2008—2012年先后加入工程。这些便民店大多位于山下乡村公路旁，相比之下比较便捷，但也有一部分远离村落，单独坐落在道路旁。村民们大多就近购买而不是专选万村千乡市场工程店。

经过对店铺的走访，我们发现仅有一家店铺面积超过25平方米，雇佣人数超过3人，经营状况较好。其余商户都是个体户，生意惨淡。

（二）商户销售业绩分析

总体来看，商户销售业绩惨淡，大多都是勉强维持，具体情况如下：

由图1中的数据不难看出，70.8%的店铺员工仅有一人，25%的店铺有员工2人，只有一家店铺的员工超过三人。万村千乡市场工程带动了就业，但从总数上来看并不多，且店面规模很小，经营状况不尽人意。

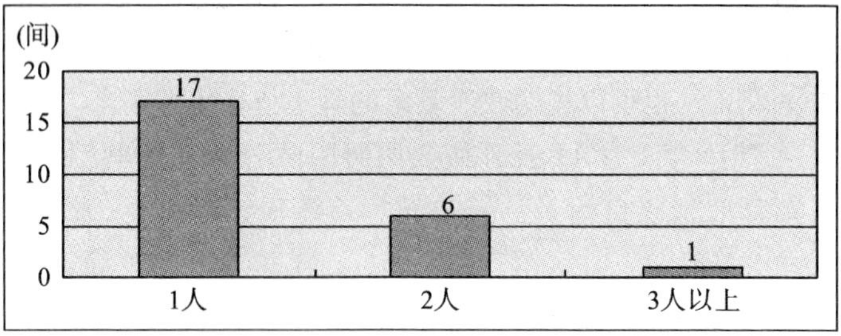

图 1　受访店铺员工人数情况

由图 2 可以看出，79.17%的店铺总面积不足 15 平方米，能陈列的商品十分有限，这足以表明万村千乡市场工程店规模极小，如同普通乡村便民店，甚至在经营业绩上不如夫妻店。

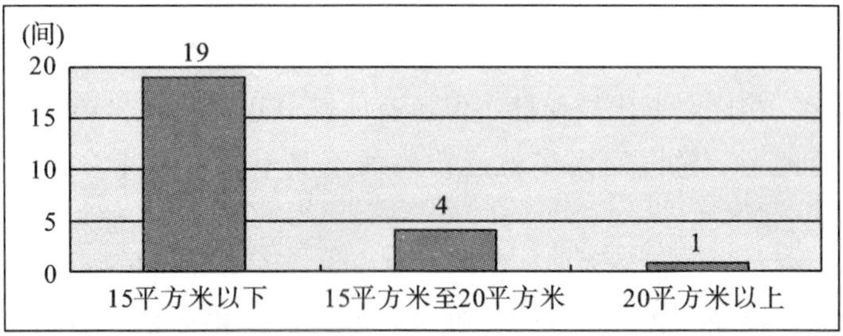

图 2　受访店铺占地面积情况

在调查中，由于很多店面处于关门状态，无法得知其销售额详情。接受调查的几家店铺的销售业绩均不理想。

由图 3 可以看出，月收入 2 000 元的店铺最多，这些店铺除去商品成本和人工成本几乎没有任何盈利。由此可见，万村千乡市场工程店经营状况堪忧。

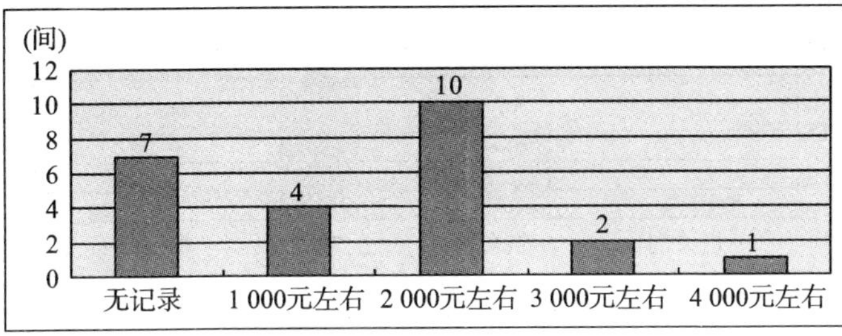

图 3　受访店铺月收入情况

根据调查，万村千乡市场工程店商品种类一般有 3 种、4 种、5 种，除缺失信息的 8 个店面外，我们看到大多数店面商品种类比较齐全，但单品相对较少，在已知的 16 家中，拥有 17～20 个单品的占有 10 家，占比 62. 5%。这使得消费者的购买选择余地非常小。具体情况如图 4 所示。

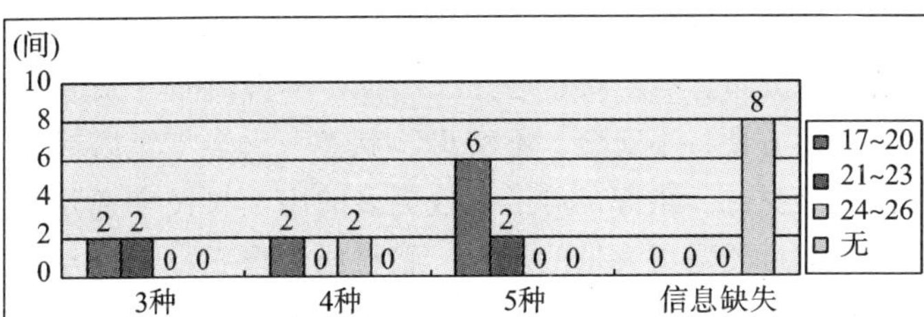

图 4　受访店铺商品种类与单品情况

在调查中，我们注意到很多店面都关门不做生意或是改行做其他生意，如图 5 所示。我们得知，其中四家店面以前是闲置房，自从挂上万村千乡工程市场店的牌子至今从未开张做过生意；而更让人意外的是，在营业的店铺中有 3 家是非正常经营，一家腾龙超市实为私人诊所、两家福意百货实为三农服务站。

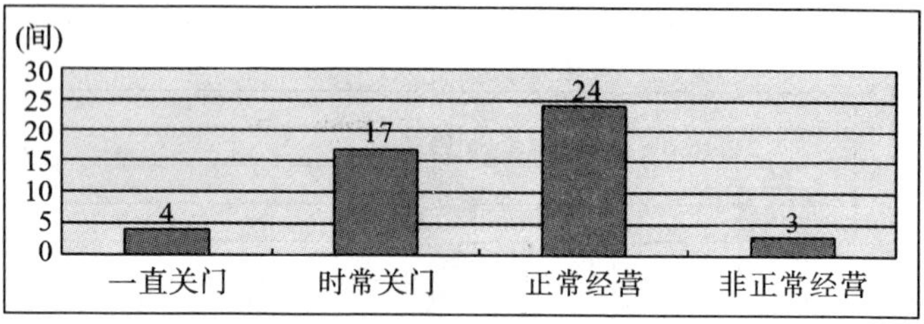

图 5　店铺经营状态

（三）万村千乡市场工程给乡村零售业带来的变化

1. 万村千乡市场工程给乡镇零售商户带来的变化

在乡镇中，万村千乡市场工程发展良好，市场稳定。零售商户在物流渠道上有了更多的选择，使成本降低，商品质量提高，客户群体规模增大，盈利增加。

2. 万村千乡市场工程给农村零售商户带来的变化

根据对农村市场的调查，其状况与乡镇迥然不同。根据目前所获资料，农村零售业并未因万村千乡市场工程而有所改善。零售店散乱分布、零售商品选择性不强、零售商品（服务）依旧处于“不方便，不安全，不实惠”状态。大多零售店铺分布在沿河、沿乡村公路旁，对于人数更多的山上村民来说并不便利。而多数村民购买大量的饲料、肥料或者售卖粮食都是通过肩挑背扛或骡马驮运，万村千乡市场工程的双向流通为其带来的便利性基本没有体现。

综上所述，万村千乡市场工程实际上已沦为一个面子工程，乡镇一级市场便利的地方发展较好，但在大山深处的农村几乎没有覆盖。

二、被调查消费者消费情况分析

在此，我们依旧只针对所获资料中的农村消费者做初步的消费情况分析。

在随机调查的56名消费者当中，全部是长期生活在本地的居民，包含学生、教师、自由工作者、粮农，其中农民占绝大部分。从整体上看，被调查消费者收入水平不高，知识文化水平不高，甚至有部分文盲。

被调查村民普遍不重视商品质量而在购买时只看重商品价格。而不同的职业和不同文化程度的人对万村千乡工程的认识和相关质量评价差别很大。

（一）消费者基本情况分析

1. 消费者年龄分析

消费者年龄对消费者消费行为有明显的影响，消费者年龄不同，消费的过程中的选择就不同，因此调查中首先对消费者的年龄分布进行了调查。

所调查消费者中，18岁以下无收入的在校生占7%，18~28岁高校大学生或在职青年占18%，29~36岁出入社会多年，长期在外打工的农民工占18%，37~46岁在家抚育孙辈或供子女读书的占32%，46岁以上者占25%。以上调查人群都是随机调查，在数据完整性上存在一定的偏差，但也能基本说明农村市场的消费者情况。

2. 消费者学历水平

通过调研我们发现，农村消费者大多是高中以下学历，其中初中以下学历者占80%以上。这也是当地消费者政策认知、食品安全认知、消费者权益认知和基本收入普遍偏低的原因之一。

（二）消费者对万村千乡市场工程店的基本认知

消费者对万村千乡市场工程店了解较少，很多地方的农民是在调查者提及的时候才回想起本村有这类店铺。他们购买商品一般选择就近购买或去价格更便宜的店铺购买。当然，这些消费者大多不会看“万村千乡”这个牌子而购买商品，究其原因，还是万村千乡名存实亡，没有在农村市场树立品牌，消费者并没有将其与其他小便民店区分开来。

（三）消费者对万村千乡市场工程店的满意度分析

根据总体满意度调查结果（如表 1 所示）来看，绝大部分消费者持中立状态，给予一般评价，占 73.21%。其他 26.79% 的消费者都比较满意。

表 1　　　　农村总体满意度表

	非常满意	比较满意	一般	不满意	很不满意
店 1	0	4	15	0	0
店 2	0	6	12	0	0
店 3	0	5	14	0	0

三、万州区万村千乡市场工程实施情况总结

自 2005 年以来，万村千乡市场工程店一度发展良好，在万州区的覆盖率高达 70%，数百家农家店验收完成，并建成建材市场、农产品交易市场等品种齐全的商品流通多功能市场上百个，交易量逐年上升，万州区作为商贸流通改革示范地，曾经取得过显著成绩。但 2010—2015 年，万村千乡市场工程的建设后劲不足，管理混乱，出现了很多问题，原来建成的店铺 90% 以上不复存在或名存实亡。

四、万州区万村千乡市场工程存在的问题

（一）管理不规范

农家店店铺内部商品杂乱无章，随意陈列。化肥、农药等

农资品与食品等同处一室甚至在同一个货架角落，卫生脏乱，对消费者的安全产生极大的威胁。

（二）经营方式落后

一些正常经营的店铺，店主多为当地土生土长的农民，受教育水平一般都在高中以下，他们没有相关经营经验，更没有被组织起来进行学习培训。他们对国家政策和相关法规知之甚少，缺乏服务意识，更不用说开发新的商品营销模式和拓展新的商品服务。

在商品流通上，由于乡村分布散乱，道路崎岖，配送成本大，不能有效配置社会资源。

（三）国家扶持手段单一

由于国家扶持手段单一，且没有激励措施，很难提高乡村市场参与者的积极性和创造性。许多店主依赖于国家补助而生活，实际经营状况惨淡

（四）没有发挥应用的功能和作用

万村千乡市场工程的功能和作用主要在于打破城乡二元化结构，建立现代化流通网络，改善农民的消费环境，满足农民的生活需求，从而带动投资，发展经济，拉动就业。在调研过程中，我们发现，万村千乡市场工程并没有发挥上述的功能及作用。店铺经营生意惨淡，整体状况每况愈下，销售商品种类单一，选择性少，无法满足农民基本需求，更不用说带动农村零售业的新变革，拉动投资和经济发展。

（五）发展不平衡

由于地域发展不平衡，万村千乡市场的发展程度由城区向四周逐渐递减。偏远山区农民得不到实惠，村民的基本生活需求难以得到满足。

五、建议与对策

（一）创新发展道路，坚持科学发展观

在万州区万村千乡市场工程的建设当中，我们要借鉴先进的经营经验，建立现代化物流体系，完善相关制度措施，做到标准建设、规范运行、可持续发展。

要加强对店主的统一经营培训，在商品分类、质量保证、使用说明等方面进行系统教育。发散店主思维，结合万村千乡工程店的地理位置和市场效应，根据具体问题创新经营模式，并向售后服务、电信、科技等方面触及并发展。

（二）把万村千乡市场工程同新农村建设一并规划

在新农村居民点的建设中，配套建设万村千乡市场工程店，有利于便利居民，同步发展，提高居民的生活质量。把万村千乡市场工程作为新农村建设的重点，依托政府扶持政策，将这项惠民工程贯彻落实，有效增长农民收入，发展农村市场。

（三）政府和企业搭配干活

政府根据相关法规制定具体规则，把所有经营事项交给企业管理，遵循市场客观规律，发展万村千乡市场工程。政府官员不得参与其中，不得得利经营，避免村干部的“夫妻店”，禁止只挂招牌接受政府相关补贴而不真正做事的现象。倡导企业唱重头戏，将市场细分，分工给当地农民，把实惠直接给予农民，激励农民自己发展当地市场。从而促进农民就业和创造更多的收入。

（四）走“农村包围城市路线”

万村千乡市场工程主要是为了完善农村消费网络，改善农村消费环境，从而促进农村经济发展。其主要面对的是农村这块复杂的土地，农村人群受教育水平相对较低，传统化思想浓厚，社会价值观和消费观与城市人群大不相同。发展农村市场，不能对城市市场发展道路照搬照抄，要走出新路子，结合农村各个地域和乡土民风设计不同的方案。

参考文献

[1] 林超群. “万村千乡”市场工程存在的问题及对策[J]. 农村经济与科技，2007（1）.

[2] 许铭仁. 关于“万村千乡”市场工程的研究综述［J］. 农村经济与科技，2011（8）.

[3] 江若尘，陈宏军.“万村千乡市场工程”农村日用品连锁超市店绩效的实证调查与分析［J］. 江苏论坛，2009（6）.

[4] 高延鹏. 开拓农村市场对策研究［J］. 北方经济，2004（6）.

[5] 马瑞光. 万村千乡工程的成功密码［J］. 现代商业，2006（8）.

[6] 李沉. 开进“万村千乡”的连锁超市［J］. 金陵瞭望，2005.

[7] 高于萍. 现代流通网络直通“万村千乡”［J］. 物流时代，2006（3）.

[8] 魏军平. 万村千乡建设农村商业新模式［J］. 国际广告，2006（5）.

[9] 李斌.“万村千乡”工程改善农村消费环境［J］. 人民论坛，2006（3）.

重庆市渝北区万村千乡市场工程调研报告

李　玥[1]　刘　博[2]

调查时间： 2015 年 1 月—2 月

调查地点： 重庆市渝北区

调查手段： 实地调查

一、被调查商户经营情况分析

本次我们总共调查了渝北区 42 家万村千乡市场工程店，其中有 15 家镇级日用消费品和农资连锁超市、27 家村级日用品便民店和农资便民店。这些店铺主要分布在渝北区辖下的古路镇、木耳镇和兴隆镇等 11 个镇及其下面的村中，其中镇上平均有 1~2 家，村上则是平均有 1 家。

（一）乡镇商户基本情况

其一，我们对被调查对象是否知道万村千乡市场工程这一项目进行了了解。具体情况如图 1 所示。

---

① 李玥系重庆工商大学会展经济与管理专业 2012 级学生。

② 刘博系重庆工商大学会展经济与管理专业 2012 级学生。

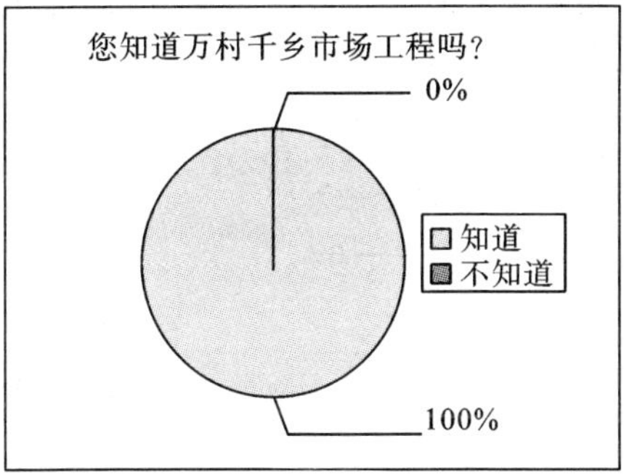

图 1　乡镇商户对万村千乡工程的了解程度

经过调研发现，被调查乡镇商户都知道万村千乡市场工程。这表明政府的宣传力度挺大，有意向的乡镇商户都了解这项工程。

其二，我们调查了参与工程后，店铺是否真正改善了乡镇的购物环境。通过调查我们发现消费者对这一个工程的认可程度较高，具体数据如图 2 所示。

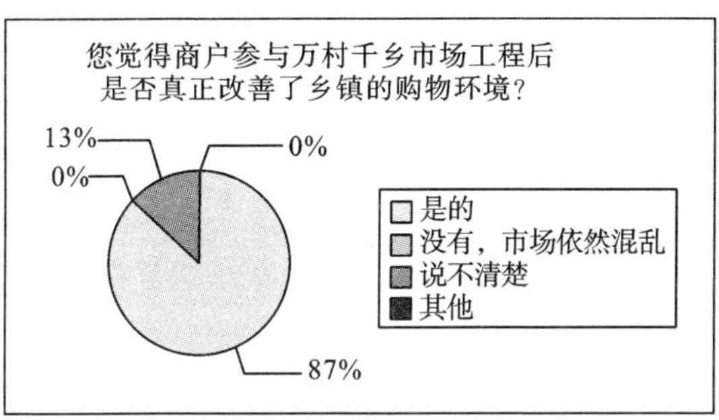

图 2　万村千乡市场工程对乡镇购物环境的影响

调查结果显示，有 87%的乡镇商户认为这项工程真正改善了乡镇的购物环境，有 13%的乡镇商户则觉得说不清楚，他们大多表示对总体局面不了解，且知识水平有限，因此不敢妄下结论。

其三，我们调查了商户对万村千乡市场工程的扶持政策的了解程度，调查结果如图 3 所示。

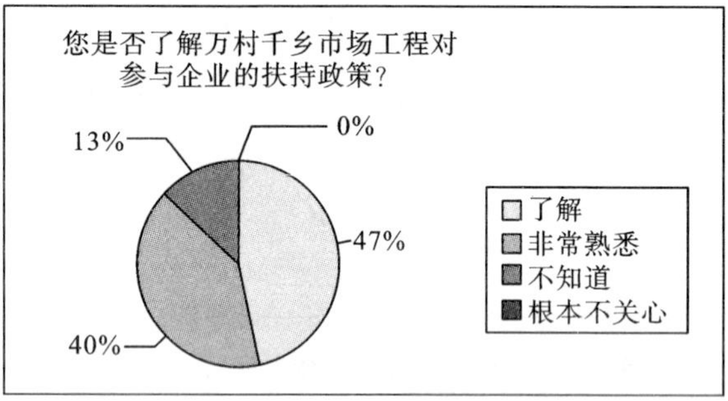

图 3　乡镇商户对万村千乡市场工程的扶持政策的了解程度

调查结果显示，47%的乡镇商户了解万村千乡市场工程的相关扶持政策，有 40%的乡镇商户非常熟悉相关政策，有 13%的乡镇商户不知道。

其四，我们调查了商户是否参与了万村千乡市场工程的相关项目。具体情况如图 4 所示。

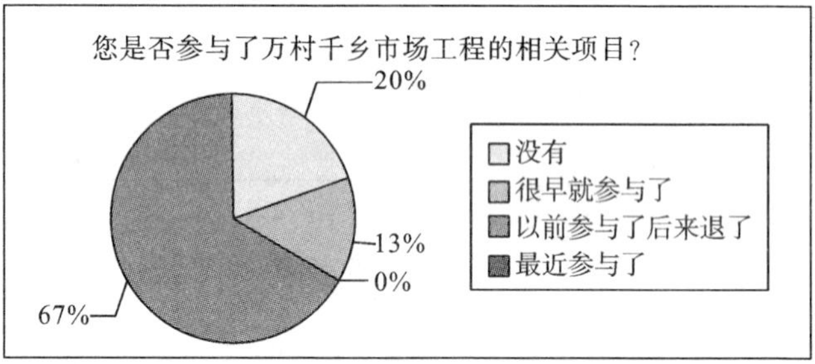

图 4　乡镇商户参与万村千乡市场工程项目的比例

调查结果显示，有 67%的乡镇商户在近两年参与了万村千乡市场工程，这是由于 2014 年渝北区对此项目进行了巩固；有 20%的乡镇商户没有参与；还有 13%的乡镇商户是在 2007 年渝北区开始实施此项工程时就建立起来的。

其五，我们调查了参与该项目后，各商铺的经营情况是否发生了变化。具体情况如图 5 所示。

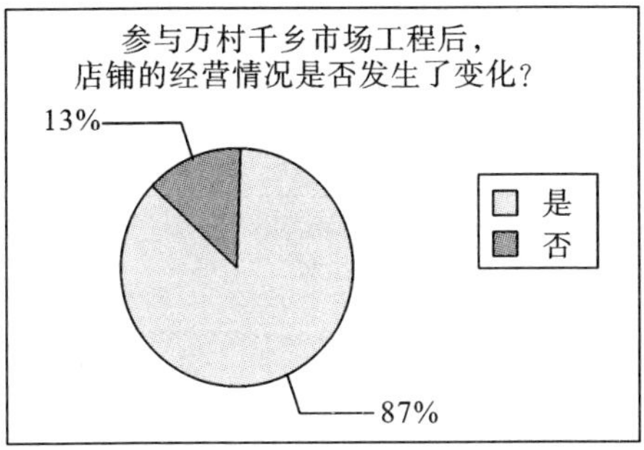

图 5　参与万村千乡市场工程对店铺经营情况的影响

调查结果显示，87%的乡镇商户参与此项工程后的经营发生了变化，剩余的 13%的乡镇商户的经营情况没有变化。这是因为他们觉得经营情况的变化与此项工程无关，而是他们转变经营模式所带来的效果。

其六，我们对商铺在今后的经营中，是否会坚持参与万村千乡市场工程进行了调查。具体情况如图 6 所示。

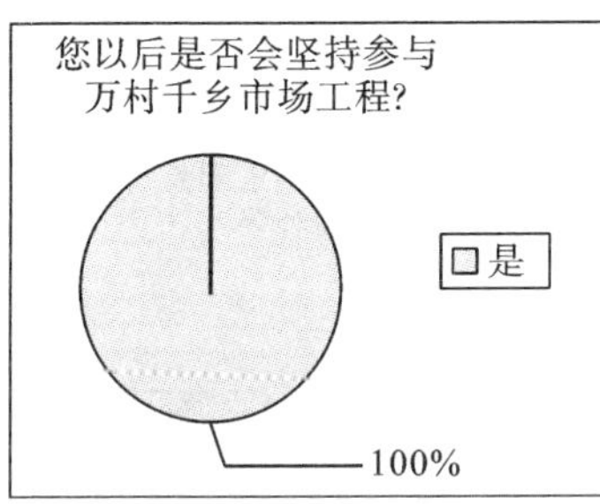

图 6　乡镇商户对万村千乡市场工程的支持程度

调查结果显示，被调查的乡镇商户都表明会坚持参与此项工程。具体原因与政府的补贴有关。

（二）农村商户基本情况

调查中我们发现，农村商户对万村千乡市场工程的了解和运用程度远远低于乡镇的商户和居民。

其一，农村商户是否了解万村千乡市场工程进行了调查，具体情况如图 7 所示。

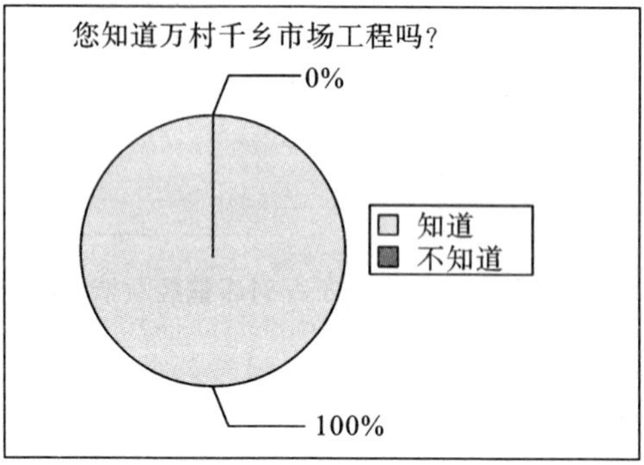

图 7　农村商户对万村千乡市场工程的了解程度

调查结果显示，被调查的农村商户 100%都知道万村千乡市场工程。

其二，我们调查了参与该工程后，店铺是否真正改善了农村的购物环境。具体情况如图 8 所示。

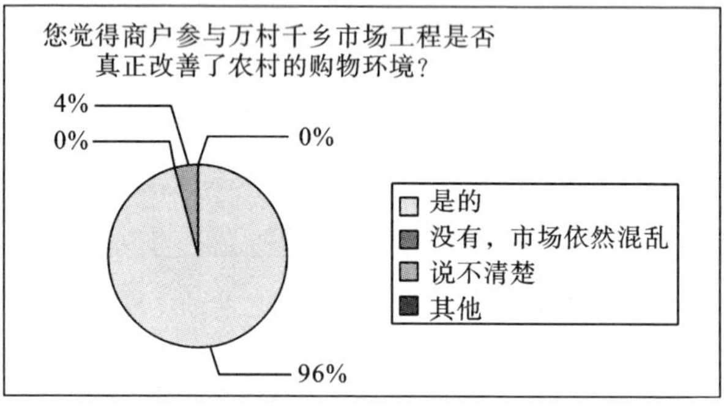

图 8　万村千乡市场工程对农村购物环境的影响

调查结果显示，被调查的农村商户中有 96%都觉得此项工程改善了农村的购物环境，对以前不懂经营专业知识的商户进行了培训，从而帮助他们改善了经营状况。

其三，我们调查了农村商户是否了解万村千乡市场工程的相关扶持政策。具体情况如图 9 所示。

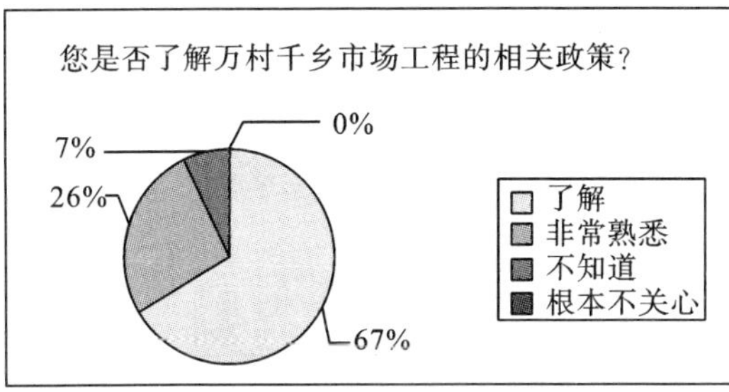

图 9　商户对万村千乡市场工程的政策和资金支持的了解程度

调查结果显示，被调查的农村商户中有 67%都认为他们自己了解此项工程的相关扶持政策；有 26%认为他们自己非常熟悉相关政策；仅剩 7%表明他们不清楚相关政策

其四，我们调查了农村商户是否参与了万村千乡市场工程的相关项目。具体情况如图 10 所示。

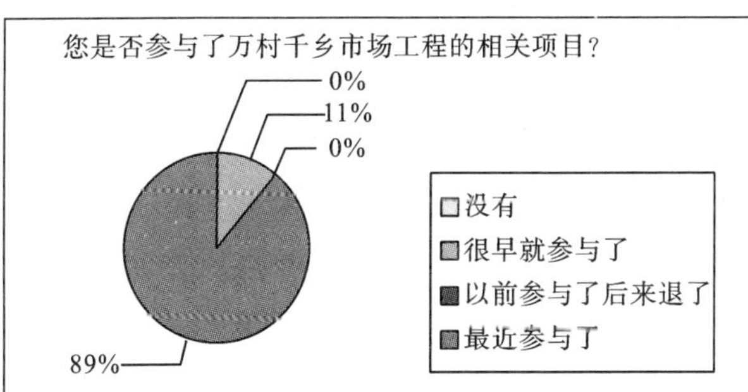

图 10　农村商户参与万村千乡市场工程项目的比例

调查结果显示，有82%的农村商户是因为2012年渝北区对万村千乡市场工程的巩固而参与进来的，而且都是以中百仓储超市作为龙头企业，具有很高的辨识度；剩余的11%则是很早就参与了万村千乡市场工程的相关项目。

其五，我们调查了参与万村千乡市场工程后各商铺的经营情况是否发生了变化。具体情况如图11所示。

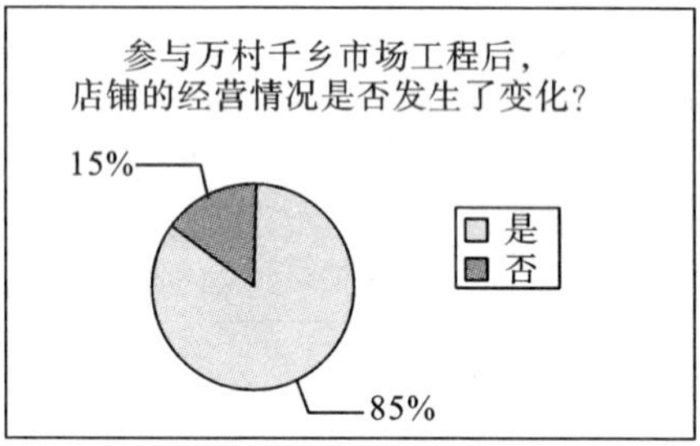

图11　参与万村千乡市场工程对经营的变化程度

调查结果显示，有85%的被调查农村商户认为他们店铺的经营情况因为参与了万村千乡市场工程而发生了变化，15%的被调查农村商户认为他们店铺经营情况的变化与他们销售商品的种类增加、服务水平提升等有关，而与万村千乡市场工程无关。

其六，我们对商铺在今后的经营中，是否会坚持参与万村千乡市场工程进行了调查。具体情况如图12所示。

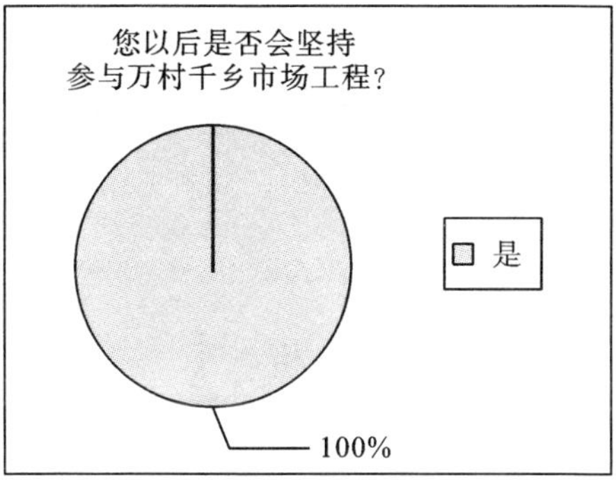

图 12　农村商户对商务部工程的支持程度

调查结果显示，被调查的农村商户中全部会坚持参与这项工程。

（三）商户销售业绩分析

1. 乡镇商户销售业绩

通过调查我们发现乡镇店铺平均月销售额为 13 000～20 000 元，利润为 7 000～14 000 元。

2. 农村商户销售业绩

通过调查我们发现，农村店铺平均月销售额为 5 000～8 000 元，利润为 2 500～6 000 元。这对农村居民来说是一笔可观的收入。

（四）万村千乡市场工程给乡镇及农村零售业带来的变化

1. 万村千乡市场工程给乡镇零售商户带来的变化

根据调研，万村千乡市场工程项目启动至今，参与该项目的乡镇零售商户销售业绩都有明显上升。这些商户的店面都整洁漂亮，有统一标识，有较高的辨识度。有的商户还反映参与这项工程会让他们有安全感，因为有政府的支持。乡镇零售商户在参与了此项工程后，商品种类有所增加，既满足了政府的要求，又吸引了更多的消费者，从而改变了农村的消费环境，让农民可以放心消费。

2. 万村千乡市场工程给农村零售商户带来的变化

调研中我们发现，参与万村千乡市场工程后，农村零售商户的销售业绩有了一定幅度的上升。店面在进行翻新后也变得宽敞明亮了。

二、消费者消费情况分析

（一）消费者基本情况分析

被调查的乡镇消费者的收入水平较高，年龄多在四五十岁左右，相对而言，他们的文化程度普遍不高，大部分是高中或专科水平，只有少部分是大学本科毕业。

被调查的农村消费者的收入水平较低，年龄多在五十岁以上。他们的学历大部分在高中以下。

（二）消费者对万村千乡市场工程店的基本认知

根据问卷调查结果，有90%的消费者都不知道万村千乡市场工程，他们也不会专门选择到此类店铺购买商品。大部分人认为万村千乡工程店的商品质量与其他店里的商品质量没有太大区别。

（三）消费者对万村千乡市场工程店的满意度分析

从调研结果来看，消费者在万村千乡市场工程乡镇店购买的商品主要是油盐酱醋等，而在农村店购买的主要是油盐酱醋等食品和农药化肥等。

总之，大部分消费者对这类工程店的满意度较高，只有少部分不满意。消费者不满意的地方主要在于服务员的态度、商品退换货流程、处理顾客投诉等方面，在这些方面工程店的建设还有待加强，这样才能更好地服务消费者。

三、渝北区万村千乡市场工程实施情况总结

（一）总体实施及覆盖情况分析

渝北区万村千乡市场工程的推进经过了十年时间，取得了一些成绩，同时也暴露出了一些问题，具体情况如表 1 所示。

表 1　　渝北区万村千乡市场工程实施情况

时间	实施情况及覆盖面
起步：2007 年	渝北区开始着手实施万村千乡市场工程建设
第一阶段：2009 年	投入资金 2 342 万元，建成商业设施面积 1.16 万平方米，在 15 个镇街规划建成网点 436 个，其中镇级日用消费品和农资连锁经营超市各 11 个，村级日用品便民店 215 个、农资便民店 199 个，农村商业服务设施覆盖率达到了 86%，实现了镇镇有连锁超市，村村有便民商店
第二阶段：2012 年	建成“农商通”便民店 235 个，其中正民农资便民店 71 个，腾龙日用品便民店 51 个，重客隆日用品便民店 113 个，实现了“农商通”信息机安装全覆盖
巩固阶段：2014 年	对全区 13 个镇街的便利店进行了重新规划布局，以两江新区范围外 6 个镇为重点，重新选点布局了 120 家巩固提升店，调整安装“农商通”信息机 120 台，实现村村有便民店，村村用“农商通”。中百仓储区级日用品配送中心和渝江农资区级配送中心也已建成投用

（二）取得的主要成绩

作为典型的小城市带大农村格局的渝北区，一直以来都非常重视城乡商贸的统筹发展。为进一步扩大农村消费、实现惠农便民，2005 年以来，渝北区委区政府全面推进农村商贸流通

服务体系建设，改善农村消费环境、完善农村商贸体系。

1. 万村千乡市场工程的实施，构建了完整的农村商贸流通服务体系

渝北区从 2007 年即开始着手实施万村千乡市场工程建设，由区委区政府牵头，并积极争取有关部门、单位的大力配合，在相关部门、镇街、龙头企业和农家店的共同努力下，至 2009 年，万村千乡市场工程第一阶段网点建设的目标任务全面完成，在 15 个镇街规划建成网点 436 个，其中镇级日用消费品和农资连锁经营超市各 11 个，村级日用品便民店 215 个、农资便民店 199 个，农村商业服务设施覆盖率达到了 86%，实现了镇镇有连锁超市，村村有便民商店；2012 年，“万村千乡市场工程”第二阶段“农商通”信息机安装建设目标任务完成，建成“农商通”便民店 235 个，实现了“农商通”信息机安装全覆盖。

渝北区的目标是逐渐构建并完善以连锁经营企业为载体，区级配送中心为龙头、镇级连锁经营超市为骨干、村级商贸综合服务点为基础的满足农村日用消费品、农业生产资料需求的农村商贸流通服务体系，同时搭载农产品流通、再生资源回收、农民生活服务、商务信息服务等多项功能，促进城乡商品双向流通。

2. 村民购物更加方便快捷，商品质量也有保障

万村千乡市场工程巩固提升工作对农家店的店容店貌进行了提档升级，一改传统的农村日杂店、代销店品种少、档次低、环境差的状况，并统一实行明码实价，城乡同一商品同价，能满足村民购买农资、日用品，存取款，手机充值等需求，促进了农村消费。

不仅如此，在满足村民消费需求的同时，该区所有农家店商品均由中百仓储日用品配送中心和渝江农资配送中心进行统一配送，有效防止了假冒伪劣商品的流入，为广大农民“买得

称心、吃得放心、用得安心”提供了可靠保障。

渝北区开展万村千乡市场工程的目的就是方便村民，不仅要方便，更要让村民购物有保障。2012年以来，渝北区紧紧围绕解决联系服务群众“最后一公里”问题，积极推进万村千乡市场工程巩固提升工作，得到了各级部门和单位的大力支持，同时也赢得了广大群众的热烈欢迎和拥护。

3. 五大支撑体系，实现万村千乡市场工程巩固提升

2014年，重庆市统一部署了万村千乡市场工程巩固提升工作，渝北区把该项工作作为全区28件民生实事之一重点推进。为此，渝北区研究出台了《渝北区万村千乡市场工程巩固提升工作方案》，明确了以突出店容店貌、商品配送率、信息化建设为重点，全面建成日用品和农资2大配送中心，巩固提升120家日用品和农资便民店，全力推进农村商贸“六大网络体系”建设的目标任务。

之所以要在原有基础上进一步巩固提升渝北区的万村千乡市场工程，是因为要更好地改善农村消费环境、完善农村商贸体系、增加农民收入、扩大农村消费、实现惠民便民的目的。渝北区从群众反映的问题和诉求出发，探索建立了农村日用品销售、农业生产资料供应、农产品和再生资源收购、农村信息化服务、农村生活服务等“五大体系”以支撑万村千乡市场工程的巩固提升。

其中，渝北区将“提升农村信息化服务体系”放在了“六大体系”的核心位置，在120个村安装了120台“农商通”信息机，充分发挥其商品流通管理、金融服务、通讯服务、农村信息服务四大功能，村民可以通过“农商通”取钱、刷卡、缴话费，选号码等。

据了解，截至目前，渝北区已经建成营业巩固提升店128家（含示范店24家），中百仓储区级日用品配送中心和渝江农

资区级配送中心也已建成投用。

（三）万村千乡市场工程店给乡村零售业带来的变化

1. 电子商务进农村，方便了村民

万村千乡市场工程店是集日用品销售、农资供应、农产品收购、再生资源回收、金融服务和农村生活服务等六大功能于一体的便民店。如今，网络时代的到来也使互联网思想深入到了乡镇，不仅让万村千乡市场工程店的店主体验到了网购进货的快捷，也让村民们感受到生活的便利。

“农商通”信息机是一台多功能便民信息平台，通过这台机器，店主和消费者可以进行电子订货、商品购销信息发布、移动充值、刷卡消费、现金存取款等操作。这一平台一方面丰富了乡镇零售业的零售类型，拓宽了零售店的销售范围，增加了客流量；另一方面为村民的生活提供了极大的便利，节约了生活成本，大大提高了生活质量。

2. 多个行业的整合，丰富了乡镇零售业

万村千乡市场工程店不仅仅是小卖部、便利店，它更是整合了通信业、银行业的新型零售店。政府会定期对店主进行培训，加强其与银行、通信业、配送中心人员的沟通，进一步提高便民店的营销能力。考虑到有些店主的文化水平不高，政府还将培训内容做成了简明易懂的培训手册，供店主学习参考。

万村千乡市场工程店的出现，使乡镇的零售业丰富了起来，充满了生机，促进和改善了农村消费环境，也加强了政府与企业、政府与村民、企业与村民的沟通和联系。农民满意，因为买东西方便，且没有假冒伪劣产品；企业满意，因为店开得多了销售规模就上去了；政府也满意，因为当地消费环境改善了，税收增加了。

四、重庆市万村千乡市场工程存在的问题

（一）管理方面

1. 政府的相关信息传达、跟进不到位

我们在调查中发现，一个镇上或村上有不少超市或者小卖部，但是加入了万村千乡市场工程的店每个镇却只有 1~2 家。店主没有加入万村千乡市场工程的原因大致有两点：一是不知道有这个工程；二是不清楚加入该工程能为自己带来什么好处，所以很犹豫。并且我们在镇上的政府宣传栏上也很少看到有关万村千乡市场工程的信息，这说明政府的宣传工作做得不到位。本来在农村各种信息就相对闭塞，人们对新政策的敏感度不高，这就需要政府加大宣传力度。

对于已加入万村千乡市场工程的店主们来说，有很多对于“农商通”的用法以及一些政策性信息都不太清楚。我们在调查过程中发现，经营万村千乡市场工程店的店主大都是文化水平相对较低的村民，他们的信息接收能力较差且对新鲜事物的敏感度不高，这也导致万村千乡市场工程难以推进。例如不会使用“农商通”的店主就会选择关闭该机器。

2. 进货渠道和配送不规范

每一家万村千乡市场工程店内都有一张统一的订货及配送流程图，但是在我们调查的店里面，大多数店家未按照以上流程进行订货和配送。这是政府未及时跟进和引导的结果。进货渠道的不统一不利于政府对万村千乡工程店订货和配送的数据进行统计和整理，也不利于今后的分析与改进。

（二）国家扶持的可持续性方面

1. 补贴不够

加入万村千乡市场工程后，商家得到的补贴只是在开店初

期需要的标牌、货架和“农商通”，后续的补贴没有跟进，所以他们希望国家能够给予持续性补贴。

2. 培训工作不到位

调查中，商家普遍反映政府的培训不到位，他们在经营中没有得到政府指导，遇到问题便不知所措。所以希望政府加强培训工作，给予一定指导。

参考文献

[1] 司瑞婕. 浅谈“万村千乡市场工程”对我国农村经济的影响 [J]. 经济视角（下），2010（2）：37-38.

[2] 许铭仁. 关于“万村千乡”市场工程的研究综述 [J]. 农村经济与科技，2010（8）：88-89.

[3] 王淑霞，罗洪程. 政府与企业协同推进“万村千乡”市场工程建设 [J]. 价值工程，2010（32）：27-28.

[4] 杨静. “万村千乡”市场工程发展现状与模式 [J]. 商业时代，2013（2）：22-24.

[5] 赵晓颖. 万村千乡市场工程实施策略研究 [J]. 商业经济，2013（8）：15-17.

[6] 修野. 建一个货畅其流的农村商品流通网——关于进一步做好“万村千乡市场工程”建设工作的调研报告 [J]. 农村财政与财务，2013（4）：21-23.

[7] 李威锋，苗蕾. 关于推进“万村千乡”市场工程的几点思考——从公共政策执行的角度 [J]. 科技信息，2013（7）：202-237.

[8] 林超群. “万村千乡”市场工程存在的问题及对策 [J]. 农村经济与科技，2007（1）：57-58.

重庆市南岸区万村千乡市场工程调研报告

何　艺[①]　喻　丹[②]

调查时间：2015 年 2 月—2015 年 4 月

调查地点：重庆市南岸区

调查手段：实地调查

一、被调查商户经营情况分析

本次对南岸区 7 个乡镇和 20 个村的万村千乡市场工程店进行了调查，充分掌握了被调查商户和消费者的基本情况。

（一）被调查商户的基本情况分析

通过对重庆市南岸区乡镇、村级地区的实地走访，我们共调查到了 7 家万村千乡市场工程店，分别位于南岸区迎龙镇、广阳镇和长生镇。

调查发现：71%的商户均知晓万村千乡市场工程，但所有商户均不了解万村千乡市场工程的具体政策。

1. 农村商户基本情况

第一家店：位于迎龙镇双谷村附近的水井挂面店。这家距

① 何艺系重庆工商大学贸易经济专业 2013 级 2 班学生。

② 喻丹系重庆工商大学贸易经济专业 2013 级 2 班学生。

离镇政府大约500米的工程店于2014年在商务部的宣传和要求下参加了该工程。该工程店面积狭小，仅有10平方米；商品单品约80种，主营井水挂面、调味品、烟酒等商品。该工程店并未选择政府建议的进货渠道，而是选择在附近的市场购买。

第二家店：位于南岸区广阳镇的祖强连锁店。该店是此次调研过程中发现的最大的万村千乡市场工程店。商务部还为该工程店安装了显眼的电子屏展示“万村千乡市场工程”字样。

第三家店：位于南岸区长生镇南山村的南山村连锁店。该店位于南岸区长生镇南山村179路公交线岔路口站。该商户共有3家零售店铺，其中在车站站点的这一家在商务部的鼓励下参加了万村千乡市场工程。该店利用政府提供的货架改善了商品的陈列。该工程店经营面积约10平方米，其商品经营范围较狭窄，约有80种单品，主营食品和烟酒这两类销量较高的商品。虽然商务部提出了可利用其提供的渠道进货的建议，但该商户依旧采取就近采购的方式进货。

第四家店：位于南岸区长生镇的瓦窑连锁店。该工程店位于公交站点旁，商户在商务部有关人员的倡导下将其3家便民零售店铺中的一家纳入了万村千乡工程。工程店面积约30平方米，但其商品货架所占面积仅有约10平方米，其余面积用于经营烟花爆竹。其商品单品约80种，主营烟酒、各类饮料、小食品等。

第五家店：位于长生镇广福村的广福村连锁店。该工程店是此次调查走访过程中发现的最小的工程店，店面面积仅约5平方米，主营烟酒，商品种类较少，但其附近厂房较多，地理位置较好。

第六家店：位于南岸区迎龙镇砖厂的万村千乡市场工程店。该店位于178路公交线砖厂站，总经营面积约15平方米，商品单品约70种，主营烟酒水、调味品等。据调查了解，该商铺在参加万村千乡市场工程后，销售业绩有所上升。

第七家店：位于南岸区迎龙镇大平村的大平村连锁店。该工程店位于公交站点旁，但由于周围居民较少，客流量较低。商户在商务部有关人员上门宣传后参加了万村千乡市场工程，但其对工程的目的及具体政策并不了解。该店铺面积约 10 平方米，商品单品约 70 种，主营烟酒、日用品。采取自主经营方式。

通过调查统计我们发现南岸区的万村千乡市场工程店主要有以下特点：

在选址上，这些工程店均位于较为便利的交通要道旁，具有较高的便利性，个别店面位于厂房附近，能够满足过往行人和当地居民的即时消费需求。

在加入时间上，这 7 家店均于 2014 年上半年加入万村千乡市场工程，由商务部统一上门宣传协商并挂牌经营。

在改造前，这些万村千乡市场工程店的前身多为当地居民自主经营的便民店，店铺面积较小，商品种类较为单一，单品数大多约 70 种。在经营品种方面，多为食品酒水及日常生活用品，有少数商家经营烟花爆竹产品、自产商品（如：井水挂面）。改造前的商品进货渠道较乱，商品质量较差。

2. 商户销售业绩分析

通过调查研究，我们从销售额、员工数、员工流动性、经营面积、毛利率、净利率等方面对七家商户的销售业绩进行分析。具体数据如表 1 所示。

表 1　　商户销售业绩指标

	商户 1	商户 2	商户 3	商户 4	商户 5	商户 6	商户 7
月销售额(元)	1 300	15 000	4 000	3 000	3 000	2 500	1 000
员工数(人)	0	2	0	0	0	0	0

表1(续)

	商户 1	商户 2	商户 3	商户 4	商户 5	商户 6	商户 7
员工流动性(人)	0	0	0	0	0	0	0
员工月收入(元)	0	2 000	0	0	0	0	0
总经营面积(平方米)	10	30	10	30	5	15	10
商品单品(个)	80	2 000	70~80	80~90	70~80	80	70
商品种类(种)	29	95	22	50	15	32	20
主营商品	烟、食品、水井挂面	烟酒	烟酒、水	食品、水、烟花爆竹	烟、酒	烟、酒、水	生活用品
净利润率	-	15%~20%	-	-	-	-	-
总部商品配送率	0	0	0	0	0	0	0
客流量(人/天)	10	20	18	10-20	13	15	5-10

根据上表不难看出，商户的销售业绩一般；大部分万村千乡店没有聘请员工，基本仍以夫妻店的形式经营；主营商品种类少，且多为烟酒；总部配送率为零，且客流量也非常低。这些指标反映出万村千乡市场工程店的经营效果非常不好。

（二）万村千乡市场工程给乡镇、农村零售业带来的变化

自 2005 年全国万村千乡市场工程启动以来，在政府相关部门的极力宣传倡导下，部分原来自主经营的农村商户加入了万村千乡市场工程。在工程项目初建阶段，各类万村千乡市场工程店的挂牌建设速度非常之快，但是后期的维护与运营缺乏市场基础和专业指导，大部分村级店铺名存实亡。

1. 万村千乡市场工程给乡镇零售商户带来的变化

调查中我们发现，在加入万村千乡市场工程后，店铺的内部环境普遍得以改善。商户利用政府提供的免费、规范的货架替代了原有杂乱而陈旧的货架。这使店内商品陈列更加美观有序，有利于增强其对消费者的吸引力。同时干净整洁的消费环境可以增强消费者的购买欲，提高满意度。

2. 万村千乡市场工程给农村零售商户带来的变化

首先，为商户节约了成本。免费的货架为商户节约了一笔开店或改善店面的成本，减少了农村地区商户的支出，增强了商户的经营信心及竞争力。

其次，一定程度上改善了农村消费环境。整洁、规范的店铺环境，鲜明、统一的店铺招牌在一定程度上改善了农村地区便民店铺的外部形象。

最后，规范了农村原有便民店铺的经营手续，保障了店铺的合法经营，维护了消费者的合法权益。

二、被调查消费者消费情况分析

（一）消费者基本情况分析

经调查发现，重庆市南岸区的万村千乡市场工程店均位于交通要道旁，目标客户主要为当地的农村居民。

调查发现：工程店的消费人群多为当地学生、工人、农民等；年龄多在18~46岁；学历大多为高中以下。

（二）消费者对万村千乡市场工程店的基本认知分析

经调查发现，90%以上的消费者不知道万村千乡市场工程。消费者对购物时选择哪家店铺持无所谓的态度，他们更在乎商品的价格及质量。即使在工程店挂牌经营后，消费者也仅仅知道其店名而并不了解万村千乡市场工程的详细政策及相关内容。

（三）消费者对万村千乡市场工程店的满意度情况分析

消费者到万村千乡市场工程店主要是购买烟酒、饮料、小零食等商品。对于日常的生活用品或农药化肥等，消费者多到附近集市的中小型超市进行购买。

对消费者满意度的调查结果如表2和图1所示。

表 2　　消费者总体满意度

店铺 \ 满意度	非常满意	比较满意	一般	不满意	很不满意
店 1		√			
店 2	√				
店 3		√			
店 4	√				
店 5			√		
店 6		√			
店 7		√			

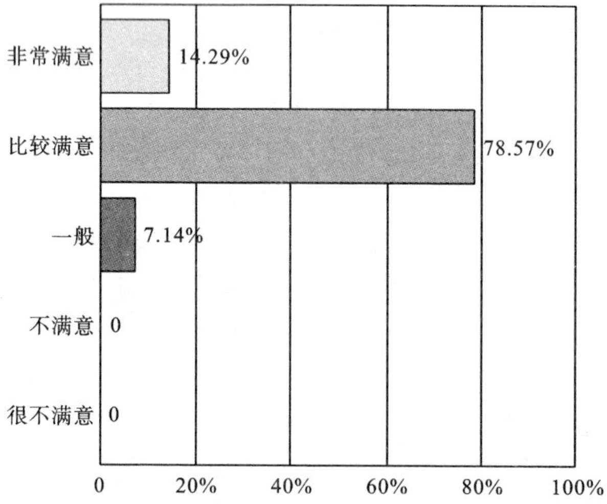

图 1　消费者总体满意度

调查发现，78. 57%的消费者对万村千乡市场工程店比较满意，14. 29%的消费者对万村千乡市场工程店非常满意。

三、万村千乡市场工程实施情况分析

（一）万村千乡市场工程店的总体覆盖情况

经过两个月的调查我们发现，就重庆市南岸区的七个镇而言，万村千乡市场工程店的覆盖率达到了42.8%。

（二）万村千乡市场工程实施以来取得的成绩

商务部自2005年2月启动万村千乡市场工程以来，以补助或贴息的方式，引导城市大中型连锁超市等流通企业向乡镇级农村地区发展“农家店”，力争构建“以城市店为龙头、乡镇店为骨干、村级店为基础”的农村现代流通网络，繁荣农村零售市场，改善农村地区消费环境和质量，满足农村居民消费需求，拉动农村经济发展，促进农业产业化发展。

重庆市于2005年启动万村千乡市场工程，并于2008年开始提速。南岸区于2014年夏天开始推进万村千乡市场工程，目前共有7家万村千乡市场工程店，主要分布在迎龙镇、长生镇、广阳镇一带地区，布局分散。

对于南岸区而言，万村千乡市场工程的实施有效解决了村镇小零售商店经营条件简陋、货架陈旧、商品摆放杂乱、进货渠道单一、商品质量差等问题；保障了村镇零售店铺的合法经营；改善了商户原有经营状况及消费者购物环境；维护了消费者的合法权益。此外，该工程还将部分原来仅从事商品零售业务的小零售店铺打造成了具有邮政、医药等服务功能的综合乡村服务点。

四、南岸区万村千乡市场工程的实施存在的问题

（一）缺乏有效的管理体制，管理缺位

自万村千乡市场工程实施以来，有关工作人员在完成最初的挂牌及更换货架的工作之后，就再也没有后续的跟进，对各个工程店也疏于管理，没有形成有效的管理体制。“培育和建立一支适应农村市场需要的经营管理者队伍”的计划并未得到落实。

工作人员对于万村千乡市场工程的相关内容及规定宣传不到位，以致店主对该工程的详细内容知之甚少。

（二）易改店名，难改经营

店主在参加万村千乡市场工程后，依旧采用就近进货的方式，并没有与城市连锁店或超市进行合作。万村千乡市场工程通过补助或贴息的方式，引导城市连锁店和超市等流通企业向农村延伸发展“农家店”，孕育连锁经营的农家店，构建以城区店为龙头、乡镇店为骨干、村级店为基础的农村现代流通网络的想法并未实现。

五、建议与对策

（一）明确管理职责，建立完善的管理机制

明确万村千乡市场工程实施过程中每个步骤的分工和责任，以便在工程实施出现问题时能找到相关负责人，避免管理缺位。此外必须有相关的监察部门介入，对工程实施的整体流程进行监督控制，加强日常管理，确保工程各项工作的切实落实。要落实考核指标，细化考核内容，建立指标考核体系，采取委托

第三方抽查，组织专家打分、明察暗访等形式，对基层商贸流通主管部门及承办龙头企业日常工作开展情况、农家店成活率、配送率等重要指标进行严格考核，督促基层商贸流通主管部门加强对承办龙头企业、承办龙头企业对农家店的常态化、规范化管理，真正实现万村千乡市场工程网络连得起、锁得住。

（二）转变经营模式

强化相关工作人员的责任意识，这样才能让工程各项内容得到全面贯彻落实。商务部应当将工程的各项举措及相关信息告知工程店店主，并帮助店主转变经营模式，真正让现代化的经营模式渗透进农村零售业。

（三）调整完善国家扶持政策

国家应当根据乡村零售的实际情况，以及在万村千乡市场工程实施过程中出现的乡村小零售商流动资金不足、营业面积狭小、店面环境简陋等问题及时对工程店的扶持政策做出调整。现金扶持政策不能只停留在对大型连锁超市的补贴上。对于缺乏流动运营资金的工程店也应进行相应的现金补贴，为其深入贯彻落实工程的各项举措，转变经营模式，改善店面消费环境，吸纳更多客源，扩大营业面积打下良好基础；也为最终改善乡村零售业的发展态势，全面开拓农村市场，提高农民收入，改善农村消费环境提供可能。

（四）多措并举建设，利用配送中心，提高配送效率

相关工作人员应当加强对工程店原有进货渠道的改造，尽可能实现配送中心配送的全覆盖，切实利用好配送中心这一资源。继续扶持龙头企业商品配送中心建设改造，通过硬件提升、规范化管理、信息化改造，建立区域性采购联盟，帮助工程店店主降低采购成本，增强市场竞争力。

（五）切实加强对镇级工程店的建设

镇级工程店是万村千乡市场工程建设的重要一环。镇级工程店发展基础较好，客源更广，经营面积大，是工程店的领头羊，也是万村千乡市场工程能持续发展的重要支柱。因此，万村千乡市场工程在实施过程中，应当加强对镇级工程店的建设。

（六）完善进入退出机制

定期对承办龙头企业的工程建设质量、运营状况、最终发展效果进行全面的回访调查验收，分企业和工程店两个层面展开评估。对于其出现的问题应对应万村千乡市场工程的相关标准和规范，及时要求其限期整改，并限期验收整改成果；对未开展农家店日常管理的、根本未开展日常配送的，以及有各种违规行为的龙头企业，要下决心淘汰一批，追回扶持资金；对已经名存实亡的农家店要责令承办企业另选重建。

参考文献

[1] 许铭仁. 关于“万村千乡”市场工程的研究综述 [J]. 农村经济与科技，2010 (8)：88-89.

[2] 杨静.“万村千乡”市场工程发展现状与模式 [J]. 商业时代，2013 (2)：22-24.

[3] 尤鑫.“万村千乡”市场工程现状及发展问题分析研究 [J]. 学理论，2012 (28)：73-74.

[4] 司瑞婕. 浅谈“万村千乡市场工程”对我国农村经济的影响 [J]. 经济视角（下），2010 (2)：37-38.

[5] 林超群. “万村千乡”市场工程存在的问题及对策 [J]. 农村经济与科技，2007 (1)：57-58.

[6] 刘玉萍，郭郡郡，胡碧玉.“万村千乡”的推广难题及

其解决对策［J］．农村经济与科技，2008（10）：35-36，40.

［7］李燕，李颖．“万村千乡”工程的困境与对策［J］．湖北经济学院学报（人文社会科学版），2007（1）：90-91.

［8］司瑞婕．浅谈“万村千乡市场工程”对我国农村经济的影响［J］．经济视角（下），2010（2）：37-38.

［9］林瑛．“万村千乡”市场工程农村商贸物流模式选择［J］．企业经济，2009（5）：156-158.

重庆市沙坪坝区 万村千乡市场工程调研报告

余　敏[1]　易　莎[2]　袁小红[3]

调查时间： 2015年3月2日—19日

调查地点： 重庆市沙坪坝区

调查手段： 实地调查

一、被调查商户基本情况分析

此次调查，调查组成员共调查了四家万村千乡市场工程店，包括聚源超市川外店、新桥店、凤天锦园店和绿优鲜店，这些店铺的经营差异比较明显。

（一）聚原超市川外店

聚源超市川外店位于沙坪坝区四川外国语大学内。总经营面积有80平方米；店内员工有4人；店内主要经营的商品种类为食品、日用品和办公用品等；商品单品大约有1 500种；每日平均客流量为500人。这家店铺是沙坪坝区万村千乡市场工程店中经营业绩最好的一家。

---

① 余敏系重庆工商大学贸易经济专业2013级1班学生。
② 易莎系重庆工商大学贸易经济专业2013级1班学生。
③ 袁小红系重庆工商大学贸易经济专业2013级1班学生。

（二）聚原超市新桥店

聚源超市新桥店位于沙坪坝区重庆市力华自动化研究所旁。该店总经营面积为 50 平方米左右；员工人数为 2 人；商品种类主要为食品、日用品和农业化肥；商品单品大概有 500 种；每日平均客流量为 100 人。

（三）聚原超市凤天锦园店

聚原超市凤天锦园店位于沙坪坝区凤天大道 107 号附 12 号；总经营面积有 50 平方米左右；员工人数为 3 人；商品种类主要为水果，副食、烟酒；商品单品大概有 500 种；每日平均客流量为 200 人。

（四）绿优鲜店

绿优鲜店位于沙坪坝区新桥派出所旁；总经营面积为 60 平方米左右；员工人数为 8 人；商品种类主要为食品、烟酒、日用品、农业化肥等；商品单品大概有 1 000 种；每日平均客流量为 300 人。

二、被调查消费者消费情况分析

本次共调查了 97 位消费者，发放问卷 97 份，收回有效问卷 90 份。通过访谈和问卷调查，我们对消费者在万村千乡市场工程店进行消费的具体情况有了较充分的掌握。

（一）消费者对万村千乡市场工程店的认知程度

调查发现，消费者在选择消费店面时并不关心该店是否为万村千乡市场工程店。并且在接受调查的消费者中，大多数都不知道万村千乡市场工程（如图 1 所示），这说明万村千乡市场工程的宣传力度不够。

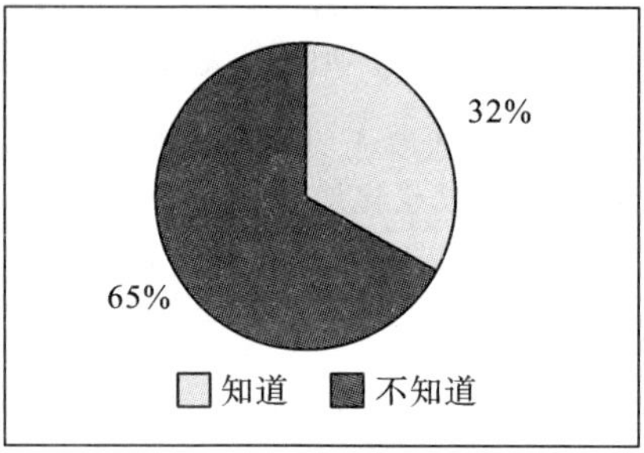

图1　消费者是否知道万村千乡市场工程

调查结果显示，大多数消费者对是否优先选择在万村千乡市场工程店购买商品并不太在意，具体情况如图2所示。

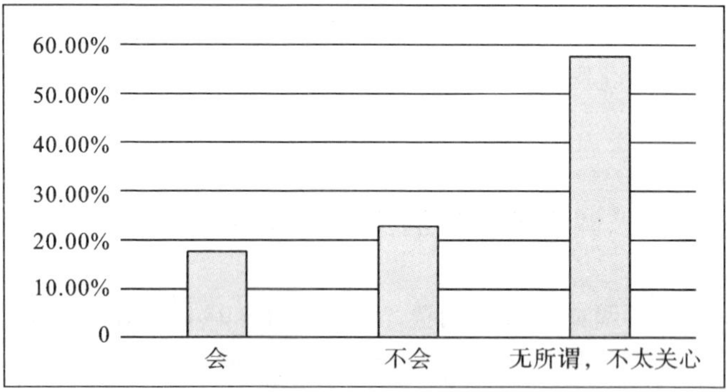

图2　消费者是否会选择在万村千乡市场工程店消费

（二）消费者对万村千乡市场工程店的满意度分析

对消费者满意度的调查结果显示，川外店的消费者满意度最高，而绿优鲜店铺的消费者满意度最低。

三、沙坪坝区万村千乡市场工程实施情况

万村千乡市场工程项目的实施给重庆市农村零售业发展带来了机遇。

（一）改善了农村零售的销售环境

改善了农村零售商铺“脏乱差”的局面，统一店面布置和陈列，改善了卫生情况，规范了进货渠道，保证了商品质量。

（二）店铺功能拓展，实现多元化经营

重庆市商委与中国农业银行重庆市分行、中国移动通信集团重庆有限公司共同签署了《重庆市万村千乡市场工程综合信息服务平台建设战略合作协议》。协议中三方共同商定，通过发挥各自优势，资源共享，将重庆市万村千乡市场工程流通网络建设与银行惠农卡用卡环境建设、小额信贷发放以及与农村现代通讯信息服务有机结合，共同打造农村商务信息服务平台，进一步改善农村地区商务、金融、信息服务，推动农村商务信息服务体系建设。

四、沙坪坝区万村千乡市场工程存在的问题

（一）管理方面

由于流通体制改革滞后、市场建设投入不足等原因，沙坪坝区对农村商品市场的管理和调控办法不多、手段有限，难以进行有效管理。这导致万村千乡市场工程店开设以后仍存在三无产品和假冒伪劣商品，并且服务网点布局设置不合理，难以适应农民需要。

（二）经营方面

1. 加盟店进货渠道不规范

万村千乡市场工程店的开设位置不集中，导致了集中配送成本高。商家追求利益最大化，“哪儿便宜就在哪儿进货”，进货渠道不规范、不统一。

2. 店名不统一、不显著

商标或者商店统一标识是建立一个信誉农村市场体系的重要组成部分。我们在实际调查中发现，万村千乡市场工程没有统一的店面标识，很不规范。

（三）国家扶持的可持续性方面

一是简化工商登记手续。对承办万村千乡市场工程的龙头企业新建改造的乡镇连锁经营超市和村级便民放心商店，在登记办照或换照时实行“直通车”，简化手续，集中统一办理，限时办结。二是加大村级便民放心商店税收扶持。根据国家和市有关税收政策，税务机关对万村千乡市场工程承办龙头企业新建改造的村级便民放心商店给予支持和扶持。

五、建议与对策

（一）企业要加强引导和监督

严厉打击三无产品，规范进货渠道，营造良好市场环境，维护农民利益。

（二）商户要选择客源丰富的店址

商店生存要依赖于收益，即所在市场有顾客，有购买能力和购买行为，形成货物流通。店面的店址选择非常重要，尤其是乡镇店的店址选择最为重要；政府要正确引导农家店的选址，通过对农家店实际销售区域和销售能力的评估，将有能力的农家店改造成为万村千乡市场工程店。

（三）政府要加大基础设施建设

加大农村基础设施建设，完善万村千乡市场工程信息平台建设，构建良好信息网络，确保商品流通通畅。

（四）建立积极奖励机制

万村千乡市场工程店发展不能仅仅依靠政府和企业资金支持，农村店铺本身也要有积极发展的意识。建立积极奖励机制，可以调动商家积极性，使他们不完全依赖于政府，更好地独立经营。

重庆市酉阳县万村千乡市场工程调研报告（二）

王　铭[①]　赵孟丽[②]　吴怡梅[③]

调查时间： 2015年2月—2015年3月

调查地点： 重庆市酉阳县

调查手段： 实地调查

为构建农村现代流通网络，开拓农村市场，扩大农村消费，促进社会主义新农村建设，商务部自2005年2月开始实施万村千乡市场工程。该工程以改善消费环境、增加农民收入、扩大农村消费、惠农便民为目的，以连锁经营、物流配送、电子商务等现代流通方式为手段，以连锁经营企业为载体，按照标准化要求新建或改造农村商业网点，形成以区县（自治县）配送中心为龙头、乡镇连锁经营超市为骨干、村级商贸综合服务点为基础的农村日用消费品、农业生产资料两大骨干网络体系，搭载农产品流通、再生资源回收、农民生活服务、商务信息服务等多项功能，促进城乡商品"双向流通"和商贸统筹发展，推动农村经济发展和新农村建设。为了了解重庆市万村千乡市

---

① 王铭系重庆工商大学国际经济与贸易专业2012级3班学生。
② 赵孟丽系重庆工商大学国际经济与贸易专业2012级3班学生。
③ 吴怡梅系重庆工商大学国际经济与贸易专业2012级3班学生。

场工程实施的真实情况、取得的实际效果以及存在的缺陷，2015年2月，重庆工商大学12级国贸三班学生赵孟丽、王铭、吴怡梅深入重庆市酉阳县，对该县的万村千乡市场工程进行了深入的调查研究。

一、被调查商户经营情况分析

（一）被调查商户的基本情况介绍

1. 乡镇商户基本情况

调查组对10家乡镇万村千乡市场工程店进行了全面的调查，这些店铺的地理位置基本位于公路旁、街道旁、学校旁，交通比较便利，有大量周围居民及学生消费群体。店铺的经营面积平均为70~90平方米，货架排列整齐，商品分类后摆放在货架上；经营环境较好；主要经营产品有副食、日用百货；平均员工人数2~3人；平均的营业利润率10%~20%。酉阳县万村市场工程店的总部负责统一进货配送。

2. 农村商户基本情况

本次共调查了10家农村万村千乡市场工程店，商店大多设在乡村道路旁或村民宅基地比较密集的地方，方便村民购买急需的日常生活用品。这些店铺加入市场工程的时间大都不一致，进货渠道都是商店老板到乡镇市场上进行采购。受地理条件的限制，总部不对农村的商户进行统一的配货。自加入万村千乡市场工程店后，由于成本降低了，这些店铺的经营状况也得到了改善。

（二）商户销售业绩分析

1. 乡镇商户销售业绩

通过调查，我们充分了解了乡镇商户经营的具体情况，掌握了各店铺的经营指标，总体上来看经营情况不乐观，具体情况如表1所示。

表1　　乡镇商户销售业绩

	新兴商场楠木店	新兴商场官清店	新兴商场龙潭店	新兴商场麻旺店	新兴商场大溪店	新兴商场兴隆店	新兴商场板桥店	新兴商场丁市店	新兴商场铜鼓店	新兴商场小河店
销售额(万)	10	12	7	14	11	9	6	8	10	8.5
员工数(人)	3	3	2	5	3	2	2	3	3	3
员工收入(元)	2 000	2 000	1 700	2 000	1 800	2 300	1 800	2 000	1 900	1 800
总经营面积(平方米)	80	80	75	107	70	65	60	80	75	70
商品单品(种)	956	956	787	1 003	889	673	708	786	898	1 007
商品种类	副食、日化、百货	副食、日化、百货	副食、日化、百货	副食、日化、百货	副食、日化、百货	副食、日化、百货	副食、日化、百货	副食、日化、百货	副食、日化、百货	副食、日化、百货
主力商品	副食	副食	副食、日化	副食、百货	百货、副食	副食	副食	副食、日化	副食、百货	副食
净利润率(%)	15	10	13	17	19	9	11	13	14	15
毛利润率(%)	100	90	79	100	89	90	85	80	88	90
来客数(人)	2 000	1 700	1 437	2 700	1 900	1 500	1 200	1 350	1 300	1 500

注:表中数据为2014年月平均数据。

通过表1数据不难看出，被调查店铺的经营业绩存在明显的差距，总体绩效处于中等水平，净利润率水平普遍保持在较高水平。

2. 农村商户销售业绩

农村商户的销售业绩普遍比乡镇商户差，各项指标均低于被调查的乡镇店铺，经营商品数量偏少，具体指标情况如表2所示。

表 2　　　　　　乡村商户销售业绩

	新兴商场红庄村店	新兴商场清泉村店	新兴商场幸福村店	新兴商场红旗村店	新兴商场铜溪村店	新兴商场兴隆村店	新兴商场小河村店	新兴商场小岗村店	新兴商场龙潭村店	新兴商场土坪店
销售额(万)	1	0.96	0.67	0.855	1.21	0.777	0.9	0.84	1	0.66
员工数(人)	2	2	1	1	2	1	2	1	2	1
员工收入(元)	1 800	1 700	1 500	1 600	1 800	1 600	1 700	1 700	1 800	1 500
总经营面积(平方米)	35	30	15	25	30	20	25	25	30	18
商品单品(种)	487	408	264	372	450	366	385	342	399	298
商品种类	副食、日化、	副食、日化	副食	副食、日化	副食、日化	副食、	副食、日化	副食、日化	副食、日化	副食
主力商品	副食	副食	副食	副食	副食	副食	副食	副食、日化	副食	副食
净利润率(%)	16	12	10	9.5	15	13	11	12.8	10	9
毛利润率(%)	98	93	84	85	96	95	85	90	87	82
来客数(人)	86	79	68	70	83	85	75	80	50	45

注:表中数据为2014年月平均数据。

由表2不难看出，农村店铺的经营情况普遍不佳，但在总体经营情况不佳的情况下，净利润率和毛利润率却很高。

(三) 万村千乡市场工程给乡镇及农村零售业带来的变化

1. 万村千乡市场工程给乡镇零售商户带来的变化

由于万村千乡市场工程的实施，乡镇零售商户有了稳定的进货渠道，解决了进货困难的问题。统一进货降低了商户的成本，与此同时，消费者对产品的质量也更加有信心，从而增加了乡镇零售商户的收益。

2. 万村千乡市场工程给农村零售商户带来的变化

农村零售商户自加入万村千乡市场工程以来，获得了政府的补贴和支持，增加了商品种类，降低了购货成本，从而吸引了更多的村民前来购买。

二、被调查消费者消费情况分析

（一）消费者基本调查分析

本次，我们共调查了100名消费者，通过对这些消费者的基本情况进行分析后，得出了如表3、表4、表5所示的结论。

表3　　消费者收入水平分析表

收入水平	1 000元以下	1 000~2 000元	2 001~3 000元	3 000元以上
（乡镇）占比（%）	13	19	37	41
（农村）占比（%）	17	30	29	24

注：本表数据根据调查问卷资料整理计算所得。

表4　　消费者年龄情况分析表

消费者年龄	20岁以下	20~29岁	30~39岁	40~49岁	50~59岁	60岁及以上
（乡镇）占比（%）	23	14	27	20	10	6
（农村）占比（%）	19	9	31	18	6	17

注：本表数据根据调查问卷资料整理计算所得。

表5　　消费者学历情况分析表

学历状态	小学	初中	高中	本科及以上
（乡镇）占比（%）	6	31	44	19
（农村）占比（%）	11	41	35	13

注：本表数据根据调查问卷资料整理计算所得。

（二）消费者对万村千乡市场工程店的基本认知

被调查者中只有17%的人明确知道万村千乡市场工程，而且会因此去该店消费；83%的人群对万村千乡市场工程不怎么了解。在被问及没有去过万村千乡市场工程商店的原因时，65.3%的消费者选择的是“不知道有万村千乡市场工程”；17.6%的消费者选择的是知道有万村千乡市场工程，但也不知道它与其他商店相比有何不同；由于家附近没有万村千乡市场工程店而没去过的仅占17.1%。

（三）消费者对万村千乡市场工程店的满意度分析

通过问卷调查和现场访谈，调查小组掌握了被调查消费者对万村千乡市场工程店的满意度，总体来看，满意度处于中等水平，具体数据如表6所示。

表6　　消费者对万村千乡市场工程店的满意度

	乡镇消费者满意度（%）	农村消费者满意度（%）
非常满意	10	9
满意	36	27
一般	42	51
不满意	7	5
很不满意	5	8

三、酉阳县万村千乡市场工程实施情况总结

（一）总体实施情况

重庆市酉阳县有36个乡镇，278个村和社区，县城建成万村千乡市场工程店18家，平均每个乡镇有1家，每个村最多只有1家万村千乡市场工程加盟店，覆盖率达到了60%以上。酉阳县政府正着力建设村级便民放心商店556个，确保每个行政村有1个农村日用品销售商店、1个农业生产资料供应商店。

（二）万村千乡市场工程取得的成绩

为构建农村现代流通网络，开拓农村市场，刺激农村消费，

促进社会主义新农村建设，商务部自2005年开始实施了万村千乡市场工程，重庆市经过几年的探索实践，取得了一定成效，改变了以往农家店设施陈旧、商品单一、质次价高等方面的缺陷和不足，改善了消费环境、商品质量，使农民在家门口就可以买到货真价实的农资产品，有力地扩大了农村消费和经济发展，达到了惠农便民的目的。

（三）万村千乡市场工程店增长情况

2008年，重庆市为进一步推动万村千乡市场工程建设，实现全覆盖的要求，提出了以下建设目标：在前三年建设的基础上，加大推进力度，再用两年时间使万村千乡市场工程覆盖全市所有区县（自治县）的897个乡镇和9 065个行政村。全市再规划建设17 023个日用品、农资乡镇连锁超市和村级便民放心商店，其中：2008年规划建设9 000个，2009年规划建设8 023个。截至2015年年底，重庆市酉阳县的万村千乡市场工程店已覆盖了所有乡镇和村。并且，随着政府支持力度的加大，农村基础设施的不断完善，信息网络体系的不断健全，一些规模较大、善于经营的万村千乡市场工程店都取得了不错的销售业绩，并逐年增长。但也不乏一些店址不当、经营不善的店铺销售额逐渐下降，甚至关门歇业。对于大部分农村店铺来说，由于城市化的影响，农村人口越来越少，其销售额仅能勉强维持。

（四）万村千乡市场工程给乡村零售业带来的变化

在万村千乡市场工程的推动下，一大批本土城市连锁和超市向农村延伸，用现代流通方式带动了农村商业水平的提升。在实施万村千乡市场工程之前，乡村零售业更多的是一些个体经营户，出售的商品种类较少，商品质量参差不齐，供货渠道少，配送率低，对市场的反应不灵活，也缺乏相应的监管。但是，实施万村千乡市场工程后，乡村零售业开始以市场需求为导向，按市场规律办事，充分发挥企业主体的作用，培育引导大中型流通企业运用连锁经营、物流配送、电子商务等现代流通方式，构建农村现代流通体系。同时，全市各级政府加强引导、组织和服务，为各类流通主体进入农村市场创造了良好的环境。连锁经营、物流配送等新兴经营方式也从城市流向乡村，推动了农村零售业的革新，大大促进了农村零售业的发展。

四、存在的问题

（一）管理方面

1. 万村千乡市场工程宣传力度不够

政府没有对万村千乡市场工程进行足够的宣传，有的消费者完全不知道该项工程，有些即使知道万村千乡市场工程，但也不知道它与其他商店相比有何不同，更不知道政府推行万村千乡市场工程的目的是什么。

2. 万村千乡市场工程信息平台建设滞后

农村市场基础设施不健全导致万村千乡市场工程中农村市场信息网络化平台建设滞后，信息平台建设不对等，对农村消费数据收集不足，不能准确分析农村消费品需求趋势和走向，严重降低了市场货物的流通率，直接降低了收益。

3. 店址的选择缺乏科学性

根据《商务部办公厅财政部办公厅关于进一步加强“万村千乡市场工程”建设的通知》，做好农家店规划布局，原则上一个行政村只建设与改造一个农家店，重点在未建店地区推进建设，扩大连锁化农家店覆盖面。万村千乡市场工程店的店址选择更多是根据行政命令，而不是依据市场经济规律，根据各村各乡的人口、消费能力、区位条件去评估消费市场建设店址，导致万村千乡市场工程店的存活率很低。在有资金支持的情况下，店铺可以生存，一旦没有资金支持就关门歇业，这导致大量前期投入资金流失。

（二）国家扶持的可持续性方面

1. 企业参与积极性不高

在我国的东部地区，响应商务部推进万村千乡市场工程的大中型零售企业所占的比例仅有20%，在广大中西部地区还达不到这个比例。这主要是因为：①农村购买力相对低下，而且许多大型零售企业缺乏开拓农村市场的经验，这就加大了其参与万村千乡市场工程，开拓农村市场的风险。②农村人口密度低，消费需求分散，如果在农村开店达不到一定规模，就不能形成规模效应，配送成本就会居高不下，进而降低店铺的市场竞争力。③农村商业基础设施薄弱，物流系统不完善，从而增加了商品流通的难度。

2. 政府补贴政策未完全落实

为了积极推进万村千乡市场工程，商务部会同财务部、国家开发银行，共同出台了多项政策，明确对试点企业予以一年贷款利息补助；对在乡村新建和改造的农家店予以直接补助，每个乡级店补助3 000元，每个村级店补助4 000元。在实际操作中，政府将对乡村新建和改造的农家店的支持政策直接下放给龙头企业。调查中我们发现，部分农家店得到了龙头企业给予的装修补助，但有些农家店完全没有得到政府的补助，只是挂了一个万村千乡市场工程的牌子而已，政府的支持政策没有得到完全落实。

（三）功能和作用是否彰显

1. 解决农村消费的“三不”问题（不放心、不方便、不实惠）的作用有待进一步提高

调查发现，万村千乡市场工程在解决“三不”问题中发挥了一定作用，但离期望值还有很大的距离。虽然在实施了万村千乡市场工程之后，农民购物的方便程度有所提高，但仍有一

半以上的消费者没有感受到这种变化，这就说明在方便农民购物方面万村千乡市场工程还需要做更多的工作。

放心购物方面，在实施了万村千乡市场工程之后，有44.44%的消费者认为万村千乡市场工程实施前后并没有明显变化。这表明万村千乡市场工程的实施并没有解决农民购物不放心的问题。

万村千乡市场工程店商品价格与其他商店相比，并没有明显优势，这说明该工程没有很好地解决消费者购物不实惠的问题。

2. 农民受益有限

万村千乡市场工程主要围绕农民消费需求展开，这一工程的发展，在一定程度上丰富了农民的消费选择，保障了农民的便利性与安全性。但是，当前农村消费关注价格高于质量，农民对于品牌与质量认知有限，对于万村千乡市场工程店没有准确的认识。因而，万村千乡市场工程对农民的需求满足有限，且未有效挖掘出农村消费市场潜力。

五、建议与对策

（一）转变经营观念

万村千乡市场工程店的生存要依赖于收益。因此，店面的店址选择非常重要，政府要正确引导农家店的店址选择，一要通过农家店实际消费区域和销售能力的评估，将有能力的农家店改造成为万村千乡市场工程店；二可以引入加盟企业，根据市场经济规律、人口分布、消费能力、区位条件等因素评估消费市场，帮助其进行店址选择。

（二）完善万村千乡市场工程信息平台建设

一要着力建设农家店的商品信息系统，适时地对消费者数量，商品品种、价格进行统计，完善数据信息。二要对万村千乡市场工程店的消费特征和数量进行动态管理监测。三要联合电信、邮政等单位共同建立农村商业信息网络，建设农村商业信息化平台发展，支持农村现代流通网络，促进农村商业现代化水平的提高。

（三）加强对万村千乡市场工程的宣传

一方面利用电视、广播等传统媒介，加大对万村千乡市场工程的宣传力度，提高农民对万村千乡市场工程的认识；另一方面要严格农家店的建设标准，提高万村千乡市场工程连锁店的商品质量和服务水平，在广大农村消费者中树立良好形象，赢得老百姓的口碑。

参考文献

[1] 李芬儒，忻红．“万村千乡”市场工程建设理论指导和模式选择 [J]. 中国流通经济，2007 (11).

[2] 梁睿．商业连锁开始向农村扩展 [N]. 经济日报，2007-05-23 (007).

[3] 阮兢青，陈文标．着力开发农村消费市场 [J]. 党政论坛，2009 (7).

[4] 李玉举．扩大农村居民消费需求的政策建议 [J]. 宏观经济管理，2009 (7).

[5] 韩勇．亚当·斯密的消费思想对扩大内需的启示 [J]. 理论学习，2007 (8).

[6] 张武康．“万村千乡”市场工程长效机制构建的探索 [J]. 经济论坛，2007 (20)

[7] 林超群．“万村千乡”市场工程存在的问题及对策 [J]. 农村经济与科技，2007 (1).

[8] 王华荣. 构建农村消费安全保障体系的理性思考 [J]. 中国流通经济，2011（8）.

[9] 许铭仁. 关于“万村千乡”市场工程的研究综述 [J]. 农村经济与科技，2010（8）.

重庆市涪陵区万村千乡市场工程调研报告

姚楠楠[①] 许冉娇[②] 伍 琳[③]

调查时间：2015年2月13日—18日

调查地点：重庆市涪陵区

调查方法：实地调查，实地访谈，问卷调查

一、被调查商户经营情况分析

（一）被调查商户的基本情况介绍

这次调查中，我们主要走访了紧挨涪陵城区的乡镇，有清溪镇、珍溪镇、青羊镇、解放村、万众村、俱进村、平桥村、浦江村、同乐村、吴家村、外坝村、星光村……基本上每个镇有两个万村千乡市场工程店，且每个乡镇的两个店大多一个为副食超市，一个为农药化肥农耕工具店。每个店的招牌都较为醒目、店内大多装潢美观，且都配有灭火器。

1. 乡镇商户基本情况

乡镇万村千乡市场工程店都在主街上。副食超市店的往来

① 姚楠楠系重庆工商大学2013级学生。

② 许冉娇系重庆工商大学2013级学生。

③ 伍琳系重庆工商大学2013级学生。

消费者众多，也存在竞争对手，农药化肥店则依据时节分旺季和淡季。大部分商户只拥有一家店铺，拥有两家及以上万村千乡市场工程店铺的商户只占 68.75%。同时，有 68.75%的商户不清楚万村千乡市场工程的具体政策，只是得到了换招牌、LED 灯、打印机、货架等物品的机会，故对工程也无其他要求。再加上大部分店铺都属于夫妻店改装，故经营者对自己的经营情况并不是特别在意，认为只要能够正常运营就行。由于价格和其他进货渠道无异，商户的进货渠道也并不完全来自于规定配送站。店铺经营较凌乱，许多政策与实际脱节，且未落实。虽有如此多不利因素，但由于居民经济水平提高、消费能力增强，各商户总体来说经营情况稳定，销售额每年略有提升。

2. 农村商户基本情况

农村的万村千乡市场工程店大多开设在村口或交通枢纽处，且是一个村仅有的店铺，性质也是副食超市和农药化肥工具店。农村商户店面普遍大于乡镇商户，商品种类也更多，价格精确到分。店面标牌醒目、装潢美观，且配备有灭火器，偶尔还有万村千乡市场工程的负责人下乡宣传食品安全知识，强调食品保质期。但不利的是，许多村民来购买物品都采取赊账形式，且赊账时间长，致使商户经营情况不太乐观。

（二）商户销售业绩分析

商户销售业绩分析主要是商户的基本销售指标的统计，包括各工程店商户的销售额及与销售相关的数据。

1. 商户自加入万村千乡市场工程以来的销售业绩

我们在访谈和问卷中均详细记录了商户加入万村千乡市场工程项目后，店铺的销售业绩是否有明显提升。调查发现，有些商户的业绩有明显提升，而有些商户的业绩不仅没有提升，反而还有所下降。各商户对于销售业绩变动的反馈如图 1 所示。

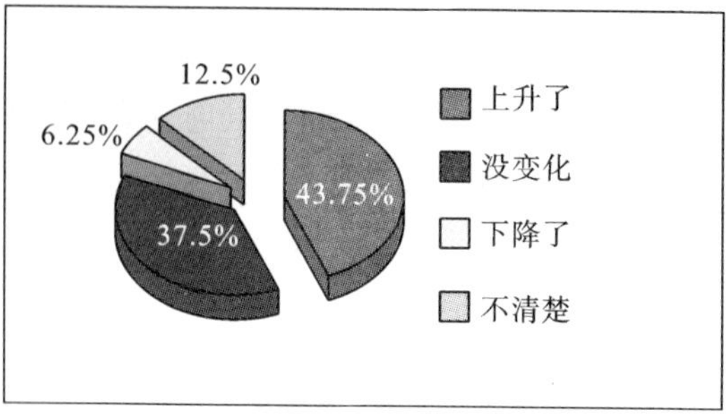

图 1　万村千乡市场工程的销售业绩变动调查

由图 1 可知，有 43.75%的商户销售业绩上升，仅有 6.25%的商户销售业绩下降。这说明大部分的商户经营情况都还不错。

2. 商户经营几家店铺

参与万村千乡市场工程的商家经营了几家店铺也是本次调查的一个重点。通过调查和访谈，我们发现万村千乡市场工程中，连锁店铺很少，基本上都是一个老板一个店。万村千乡市场工程店连锁经营情况如图 2 所示。

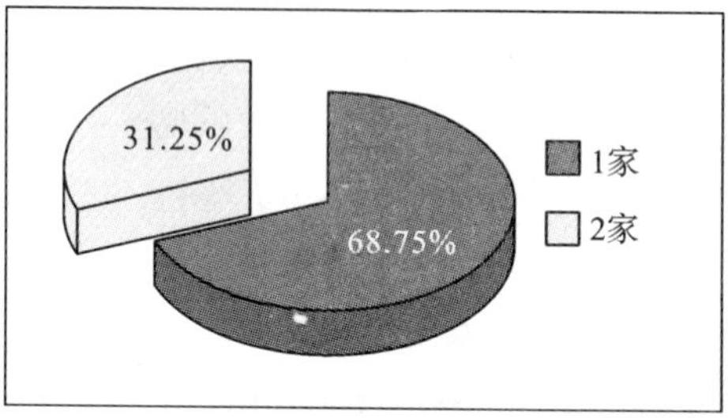

图 2　万村千乡市场工程店连锁经营情况

由图 2 可知，绝大部分商户都只经营着一家店铺，且大多数店铺老板都为中年人，以此维持生计。

3. 商户所经营的店铺是否都是万村千乡市场工程店

在调查中我们发现，有些商户经营的几家店铺并非都参与了万村千乡市场工程店的项目，而且店铺参与比例不高，具体情况如图3所示。

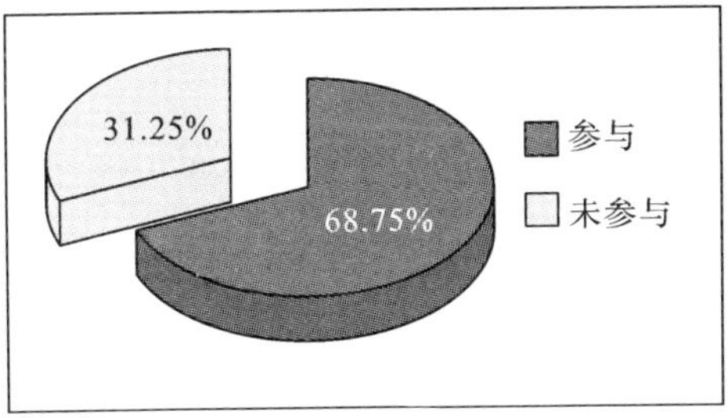

图3　商户经营店铺参与万村千乡市场工程店的比例

由图3不难看出，经营两个及两个以上的万村千乡市场工程店的商户占调查总数中的68.75%，有的商户并未让自己所经营的所有店铺都加入该工程。调查得知，大部分商户加入工程都是因为对政府感到放心，再加上接到通知，觉得划算，而非自己主动了解加入。

(三) 万村千乡市场工程给乡镇级农村零售业带来的变化

1. 万村千乡市场工程给零售商户带来的变化

经济的发展使得人们的消费能力增强，交通的便利使得消费环境得到改善。加入万村千乡市场工程后，68.75%的商户认为自己的经营状况得到了改善，店铺变得美观，商品种类更齐全，进货也更便利了。且商户认为自己加入这一工程后，店铺的可信度有所提高，影响力也有所增强，消费者也觉得自己购买的商品有了保障。75%的商户表示会继续支持商务部的这一工程。而剩下31.25%的商户认为自己的经营和以前相比没有变化，经营情况也没有得到改善，进货渠道和商品价格都没有改变。具体情况如图 4 所示。

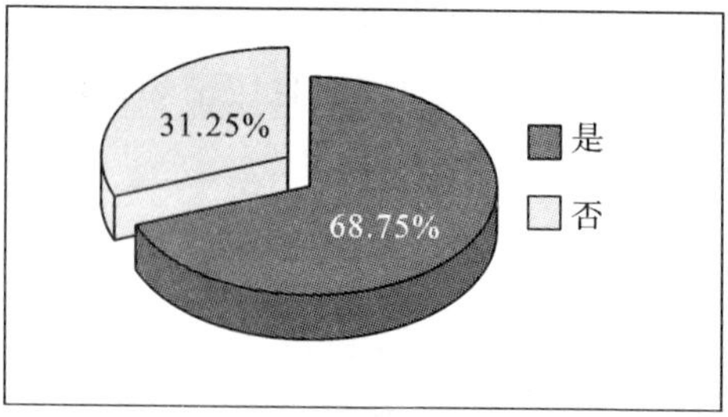

图 4　万村千乡市场工程店是否给商户经营带来变化

我们还了解了未参与商户加入万村千乡市场工程的意愿，如图 5 所示。

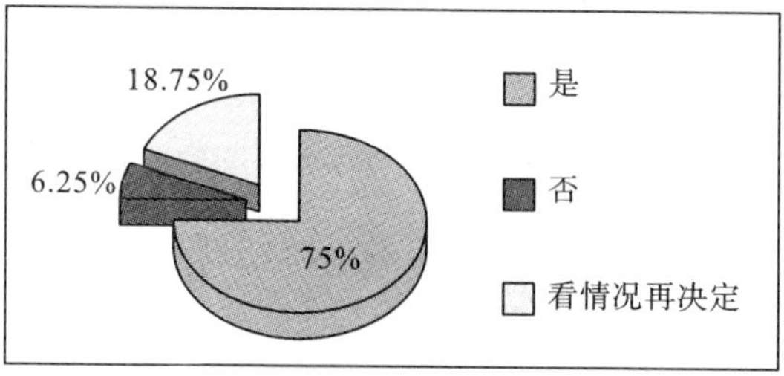

图 5　未参与商户是否准备加入万村千乡市场工程

2. 对该项目的后续扶持

负责落实万村千乡市场工程的负责人应定期到店铺宣传安全知识，强调食品保质期的重要性，过期商品要及时下架。同时，要提供灭火器、LED 灯、货架等设备，完善店铺功能，让店铺更加美观。所有被调查的商户都表示他们没有获知具体政策的途径，但都会支持商务部发布的与该工程有关的政策，故工作人员还应增加政策宣传渠道。

二、被调查消费者消费情况分析

（一）消费者基本调查分析

1. 消费者所处的地域

调查过程中，我们对消费者的特性进行了较为详细的调查，充分了解了消费者是常住居民还是临时路过的行人，这对我们掌握工程店的总体情况有重要意义。消费者是否常住调查地的统计如图6所示。

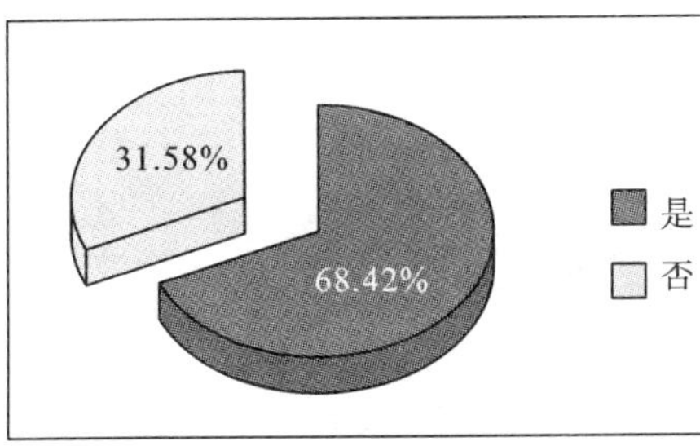

图6　消费者是否常住调查地

由图6不难看出，68.42%的消费者表示自己是常住居民，不少消费者表示自己以前住在农村，最近几年因经济条件改善而选择进城居住。

2. 消费者的年龄及学历状况

为了掌握工程店消费者的整体素质情况，我们就消费者的年龄和学历状况进行了调查，发现涪陵区工程店消费者的年龄和学历具有一定的特征。具体情况如图7、图8所示。

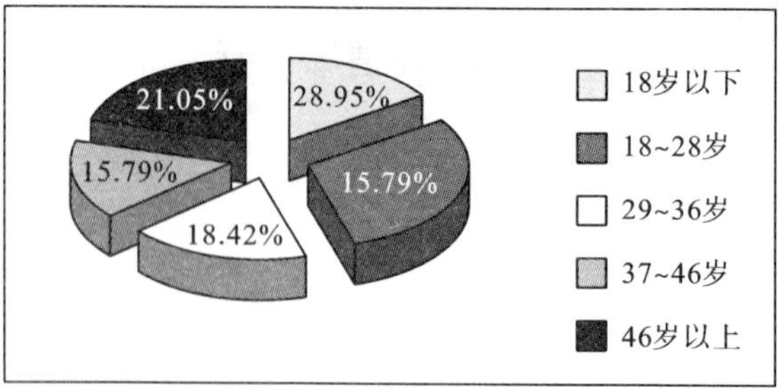

图 7　被调查消费者的年龄状况

我们这次调查特意选取了各个年龄段的消费者作为样本，且选取比例相差不大，以使数据更加科学、全面、合理。

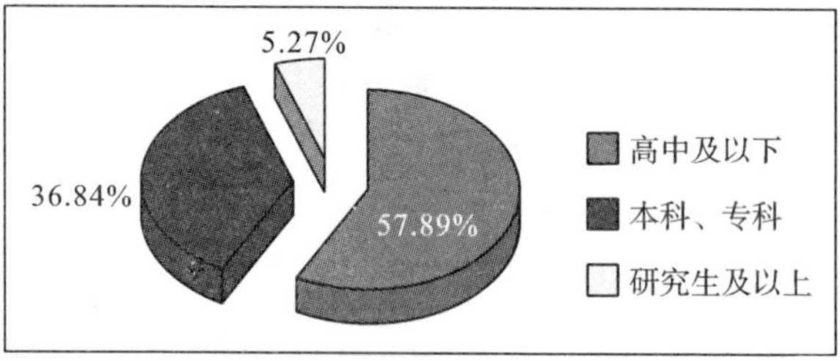

图 8　被调查消费者的学历状况

调查结果显示，57.89%的消费者都是高中及以下文凭。大部分居住在乡镇和农村的消费者文化水平都不高，不少消费者以前就是务农的农民，收入水平不高，购买商品时更注重价格、店员服务态度，以及是否方便。

（二）消费者对万村千乡市场工程店的基本认知

1. 消费者是否知道万村千乡市场工程

消费者是否知道自己购买商品的店铺是国家支持的万村千乡市场工程店，这对于我们研究万村千乡市场工程店来说十分重要。调查后，我们了解了消费者对万村千乡市场工程的认知度，如图 9 所示。

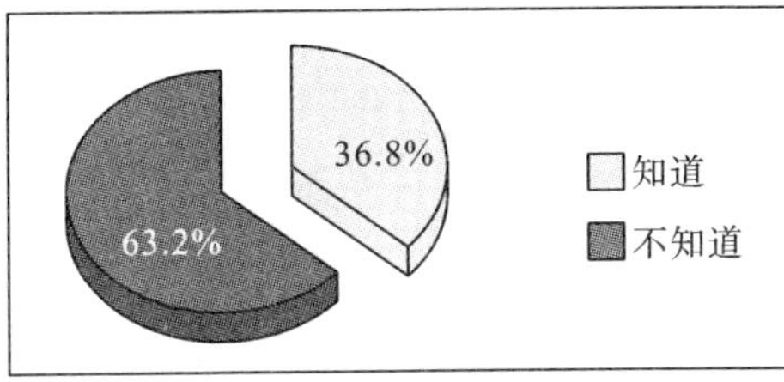

图 9　被调查消费者对万村千乡市场工程的认知度

调查显示，36. 8%的消费者知道万村千乡市场工程店，而63. 2%的消费者表示之前从没有注意过。知道此类店铺的人所占比重并不高，这证明大多数消费者并未关注过自己经常消费的店铺是否加入了该工程，他们更注重实际的价格和服务态度。

2. 消费者是否经常在此类店铺购买商品

消费者在购买商品的时候是否会经常有意识地选择万村千乡市场工程店，商品对于工程店的开设十分重要。如果消费者购买商品时并不关注店铺是否是工程店，那工程店对消费者来说就没有特别大的意义。换言之，让消费者只有在工程店才能买到自己想要的质量好的商品，这才是工程店建设的最重要的目的和意义。被调查消费者在万村千乡市场工程店的购买情况统计如图 10 所示。

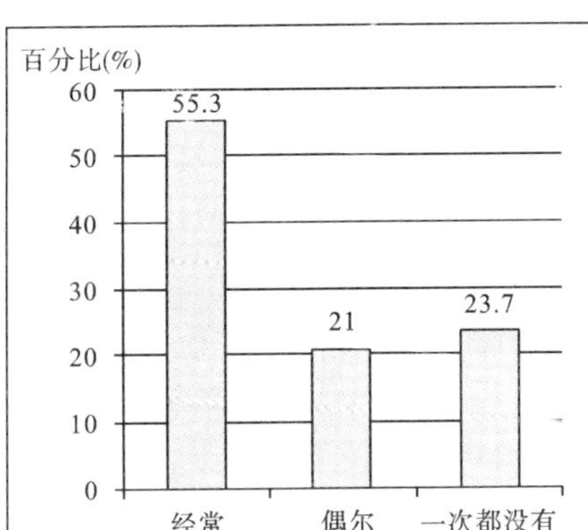

图 10　被调查消费者在万村千乡市场工程店的购买情况

调查显示，55.3%的消费者表示经常在该工程店购买商品，21%的消费者表示自己只是偶尔在有需要的时候去该工程店购买，而23.7%的消费者表示自己由于种种原因一次都没有去万村千乡市场工程店买过东西。

3. 消费者是否主动选择此类店铺购买商品

消费者是否会积极主动地选择工程店进行购买？如果大部分消费者愿意主动选择工程店进行购买，那么工程店的建设意义就非常大，后续支持就必须到位，甚至地方相关部门可以给予更多的支持，让工程店的特色更加明显，否则工程店存在的意义就会受到质疑。被调查消费者是否会主动选择万村千乡市场工程店购买商品的统计如图11所示。

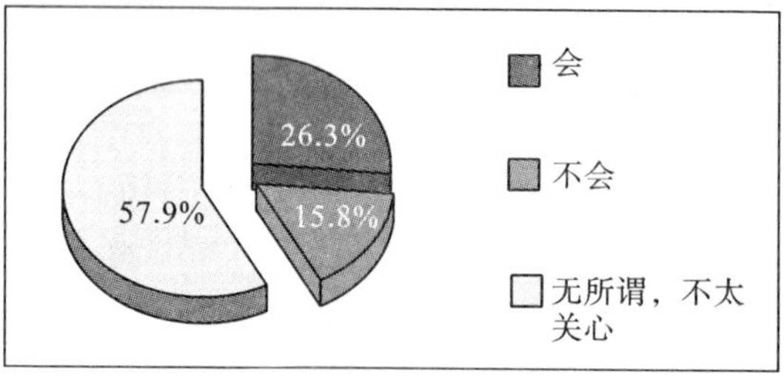

图11　被调查消费者是否会主动选择万村千乡市场工程店购买商品

由图11可知，26.3%的消费者表示自己会主动选择商务部认证的店铺购买商品，因为这样更有保障。而绝大部分的消费者表示无所谓，没有关心过店铺是否为万村千乡市场工程店，只注重商品的价格和店员的服务态度。

4. 消费者认为此类店铺是否真正改善了周围零售市场的经营环境

31.6%的消费者表示近几年居住环境得到改善，店铺增多，高楼林立，交通也更加便利。27.4%的消费者表示改变不大。21%的消费者表示自己没有注意过。具体情况如图12所示。

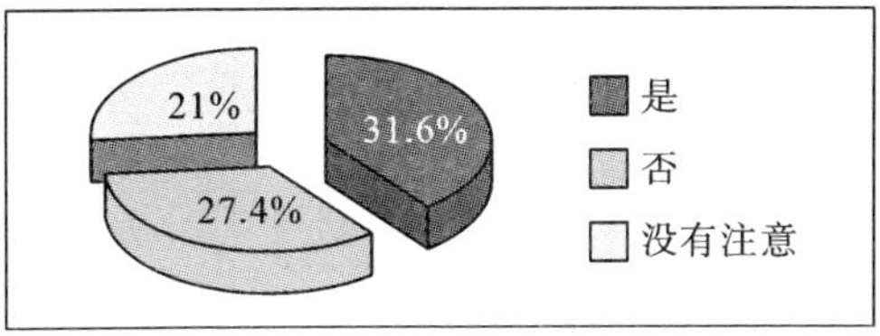

图 12　消费者认为万村千乡市场工程店是否改善了周围零售市场的经营环境

（三）消费者对万村千乡市场工程店的满意度情况分析

消费者对万村千乡市场工程店的满意程度是本次调查的一个重点。如果消费者对工程店的满意度非常高，就证明万村千乡市场工程店的建设非常成功，这几年的建设也有充分的意义；而如果消费者满意度很低，就说明这一建设存在一些问题，可以就此进行分析，并解决问题，从而提高工程店的建设质量，让工程店发挥更加重要的作用。消费者对万村千乡市场工程店的满意度情况统计如表 1 所示。

表 1　消费者对万村千乡市场工程店的满意度情况

	非常满意	满意	一般	不满意	很不满意
店 1	11	10	2	1	0
店 2	0	2	9	12	1
店 3	0	7	17	0	0
店 4	0	9	15	0	0
店 5	0	12	12	0	0
店 6	3	9	12	0	0
店 7	0	7	5	12	0
店 8	12	7	5	0	0
店 9	8	8	8	0	0

表1(续)

	非常满意	满意	一般	不满意	很不满意
店 10	3	18	2	1	0
店 11	0	10	12	2	0
店 12	12	7	5	0	0
店 13	12	9	3	0	0
店 14	3	21	0	0	0
店 15	12	7	5	0	0

通过表 1 不难看出，被调查消费者对工程店的满意度总体上来说很高，这说明万村千乡市场工程的建设质量和政策扶持都取得了一定的成绩，极大地满足了消费者的消费需求。

三、万村千乡市场工程实施情况总结

（一）总体覆盖率情况

根据我们的调查及收集到的各种资料，可知截至 2015 年 1 月，重庆市涪陵区万村千乡市场工程总体实施情况较好，覆盖面较广，每个镇都有参与万村千乡工程的店铺，平均每个镇有 1 个店面，每个村也有 1 个店面，覆盖率高达 95.6%。

（二）万村千乡市场工程自 2005 年以来取得的主要成绩

1. 消费效应

该工程在一定程度上解决了农民消费不安全、不方便、不实惠的问题。该工程实施后，商户经营品种增多，服务质量提高，人民群众的满意度也有极大提升。同时，且国家商务部万村千乡市场扩大了农村消费，提升了农村消费水平，并统筹城乡发展，切实解决“三农”问题，为建设社会主义新农村打下了基础。

2. 物流建设

该工程推动了我国农村现代流通体系建设，使物流配送系统更加健全，加盟连锁经营得到了较快发展，物流网络建设与农村现代通信服务有机结合，实现了商品流通渠道与资金流通渠道、农村商务信息的高效结合，促进了共同发展。

3. 流通环境

该工程改善了我国流通经济基础相对薄弱的状况，扩大了流通规模，提升了发展速度，壮大了流通经济基础，为打造本区域新农村面貌、实现城乡经济的兴旺繁荣奠定了基础。该工程还加强了流通带动生产的作用，促进了产业结构的调整。

（三）万村千乡市场工程店增长情况

目前，万村千乡市场工程店增长速度较快，其中店铺增长仍处于较快发展时期，销售额增长在短期内并无较大突破，但在长期内将会创造可观收入，这为我国推进农村乡镇市场流通建设打下了坚实基础。

（四）万村千乡市场工程店给乡村零售业带来了哪些变化

1. 店铺本来的变化

加入万村千乡市场工程的店铺，干净整洁，基础设施到位，商品种类齐全，质量可靠，价格趋于合理，店员服务热情，购物环境良好，群众购物满意，购物的方便性、快捷性得到了长足发展。

2. 外部影响

万村千乡市场工程实施后，店铺数量增多，传统零售业（如服装类店铺）发展较缓慢，甚至出现倒退趋势。教育系列产品销量走势良好，铮铮向荣。受现代信息科技技术及消费观念的影响，实现刷卡购物的店铺愈来愈多，网上购物逐渐进入广大农村消费者的生活，并且农村居民网上购物偏好递增。

电子通信类和餐饮类店铺数量有所增长，说明人们更注重休闲消费。另外，人们的健康观念与日俱增，老龄化现象越发突出，使得保健养生类产品走俏。

四、重庆万村千乡市场工程存在的问题

（一）管理方面存在的问题

在具体工作落实方面，以国家商务部牵头领导的万村千乡市场工程前期宣传工作做得较好，而后期建设管理略松散，未能定期对万村千乡市场工程店铺进行考察，未能落实各项扶持措施，以达到促进其良好发展的目的。

（二）经营方面存在的问题

因教育背景与知识水平的限制，乡镇农村的万村千乡市场工程店铺经营者普遍文化程度不高，对万村千乡市场工程建设涉及的政策措施理解不清楚，认识不到位，看问题趋于表面化和简单化。另外，经营者对于自己经营管理不规范的问题，未能系统地制定出经营计划。

五、建议与对策

（1）科学制定农家店发展规划，扩大农村连锁经营网点覆盖范围。涪陵区应该借助国家对万村千乡市场工程的支持，科学制定农村店铺的发展政策，以及提升农家店质量的措施，不断提升消费者的生活水平和消费的便利性，繁荣农村商业。同时，应依托这一项目不断扩大农村连锁经营网点的覆盖率。

（2）重点加强农村商品配送体系建设，提高农村流通网络物流效率。应建设因地制宜、多种模式并存的配送体系，切实做到提高农村物流效率，降低流通成本，保障商品质量。农村流通网络物流效率低下是当前制约农村工程店价格优势的主要

障碍，所以，要真正提高农村零售业的经营水平和商品质量，以完善农村商品配送体系。

（3）积极拓展农家店经营范围，增强农村流通网络综合服务能力。应不断推动“万村千乡”建设的现代流通网络与药品、电信、邮政、供销等部门网络的结合，充分发挥“万村千乡”网络在搞活农产品流通、促进农民增收方面的作用，完善“万村千乡”市场工程的建设。

（4）大力推进信息化建设，提升农村流通体系现代化水平。在信息时代，国家及地方政府要想提高农村流通水平，提升农村零售业的经营水平，应构建完善高效率的信息平台，通过推动信息化建设来推动农村零售业的现代化进程。同时，应以万村千乡市场工程店为基础，提升农村消费者的消费水平。

（5）发挥城市商贸流通企业的骨干作用，培育农村流通体系建设主体。应引导城市大型商贸流通企业积极参与，充分发挥这些企业在管理模式、管理理念和管理手段等方面的优势，推进农村市场体系建设工作。

重庆市秀山县万村千乡市场工程调研报告

吴　华[①]　闫东宇[②]

调查时间：2015 年 1 月—3 月

调查地点：重庆市秀山县

调查方法：实地调查，问卷发放，现场访谈

一、背景

万村千乡市场工程于 2005 年 2 月启动，工程的主要内容是：通过安排财政资金，以补助或贴息的方式，引导城市连锁店和超市等流通企业向农村延伸发展“农家店”，力争用 3 年的时间，孕育出 25 万家连锁经营的农家店；构建以城区店为龙头、乡镇店为骨干、村级店为基础的农村现代流通网络；使标准化农家店覆盖全国 50%的行政村和 70%的乡镇，满足农民消费需求，改善农村消费环境，促进农业产业化发展。

为了推动和支持万村千乡市场工程的开展，财政部会同商务部出台了对万村千乡市场工程的专项资金扶持政策；国家开

① 吴华系重庆工商大学经济学院贸易经济专业 2012 级 1 班学生。

② 闫东宇系重庆工商大学经济学院贸易经济专业 2012 级 1 班学生。

发银行向各地分行下达了贷款计划。仅2005年，中央财政对万村千乡市场工程项目补贴了2.04亿元。2006年，中央财政加大了资金扶持力度，对试点企业实行每建设一个乡级店补助3 000元，每建设一个村级店补助4 000元；对中、西部地区和东北地区等老工业基地，实行每个农家店增加补助1 000元；对配送中心实行贷款贴息。此外，商务部会同国家开发银行印发了《关于进一步支持农村市场体系建设的通知》，在国家开发银行对流通业提供的500亿元政策性贷款中，专项安排100亿元用于支持农村市场体系建设。至此，万村千乡市场工程社会效益日益突显。

在这样的大背景下，重庆工商大学经济学院为了对重庆市万村千乡市场工程的进展情况有一个整体上的把握，也为了贯彻落实《重庆工商大学关于科研促进教学的若干意见》的精神，进一步提升贸易经济专业人才培养质量，培养创新型人才，特意开展了这次活动。

活动旨在引导学生深入社会，了解重庆城乡商贸流通业发展状况，掌握社会调研方法和社会调研报告的撰写，提升对商贸流通理论的掌握和应用，使理论学习与社会实践有机结合，培养学生的实践能力与创新能力。

在这样的背景下，我们于寒假对重庆市秀山县进行了实地调研，撰写了此篇调研报告。

二、被调查商户的基本情况

（一）被调查商户的基本情况介绍

我们对重庆市秀山县清溪场镇、孝溪乡、官庄镇、石耶镇、梅江镇的万村千乡市场工程店进行了实地调查。其中，在清溪场镇调查了22家，孝溪乡9家，官庄镇8家，石耶镇10家，梅江镇13家。清溪场镇作为除了中和镇之外的第一大镇，在该工程中也扮演着比较重要的角色。

秀山县的万村千乡市场工程于2008年启动，经过几年的发展，现在已经初具规模。尤其是在2014年9月6日，由秀山万村千乡市场工程日用品龙头企业芙雷帝市场经营管理有限公司主导的武陵生活馆顺利开业运营之后，秀山县的万村千乡市场工程店便如雨后春笋般出现。

武陵生活馆是建立在电子商务和万村千乡市场工程配送体系基础上的。2014年上半年，芙雷帝市场经营管理有限公司按照市商委的要求升级改造乡镇网点92家。武陵生活馆以在乡镇建立的旗舰店为主力标志和货品集配中心，以在乡村开立的特许经营连锁便利店为销售终端，以网络购物全景展示和无边界经营为特色，构筑了一个全新的乡村消费供应体系，是新经济时代具有创新精神的商业模式。

通过与武陵生活馆的全面接洽，秀山县的万村千乡市场工程店都被命名为“重庆市万村千乡市场工程—武陵生活馆—××村便利店”或者“重庆市万村千乡市场工程—武陵生活馆—××村生活超市”。相同的是，几乎所有的店铺都选择开在交通便利的大路或者大路的支路旁边，那里人口密集，人流量大。

据我们了解，武陵生活馆依托秀山物流园市场集群，以入驻秀山现代物流园的经营商户为基本供应商，经营粮油及生鲜、副食品、日化洗涤、五金日杂、装饰材料、家纺饰品、时尚家具、数码电器、灯具、文化用品、小商品、工艺礼品这十二大类、十余万种商品。这些市场工程店目前经营状况良好，它们基本上都是由以前独立经营、独立进货的小卖部通过转型升级而成的，它们都有着相对稳定的顾客和口碑，在地方影响比较大。这一次转型升级，不仅对其经营状况没有造成负面影响，甚至还让其形成了一种新的发展。自从加入这个工程之后，各店铺有了资金支持，货源数量、商品质量也有了保障，生意比以前更加红火。

（二）万村千乡市场工程给乡镇以及农村零售业带来的变化

从2009年秀山县万村千乡市场工程启动至今，经历了几年时间的积累和进步发展，农村零售业和流通业受到了较大影响。通过将日用品、农资服务送下乡，将农产品送进城的模式，农村“酱醋油盐在村里，日常用品赶大集，大件商品跑县城”的情况得到改善。加入工程的农家店保障了商品质量，为农民的消费系上了“安全带”。在当前扩大内需尤其是促进农村消费需求的背景下，万村千乡市场工程发挥了重要的作用。

目前，村民基本生活需要都能在附近的市场工程店得到满足，工程店给村民生活带来了极大的便利。现在，农村基本形成了“以万村千乡市场工程店为主，其他小经营店为辅”的农村经济模式。该工程极大地满足了农村居民的生活需要，便利了村民的生活。当前，秀山县万村千乡市场工程店占据着农村便民店50%的市场份额，成为一股不可忽视的经济力量。它给农村消费环境带来的变化是大家有目共睹的。它改变了以前极为不便利的购物状况，为居民购物提供了方便。

对于商户来说，万村千乡市场工程给原有店铺注入了新的活力，创造了新的增长点，也扩大了原有的经营规模，创造了更高的盈利。谈及这个项目，商户无不表示，将一如既往地给予其大力支持。

三、被调查消费者消费情况分析

（一）消费者基本情况调查分析

被调查的人中，大部分是长期居住在农村的居民。在农村地区，大部分青年劳动力常年在外务工，所以留在家里的基本上都是 45 岁及以上的中老年人和孩子，以及少部分在家创业的人。他们的主要收入来源是地里的庄稼和外出务工的子女寄回家的钱。农村地区的消费水平普遍不高，但是随着经济的发展和务工人员待遇的提高，农村居民的收入不断提高。同时，这些人大多学历不高。被调查消费者的年龄结构图、受教育程度统计图、收入结构图分别如图 1、图 2、图 3 所示。

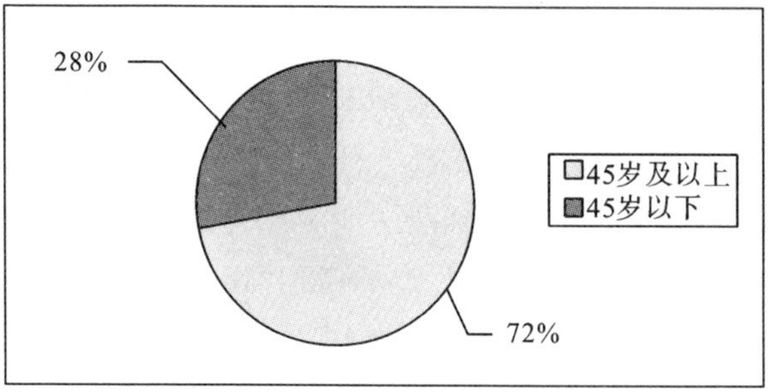

图 1　被调查消费者年龄结构图

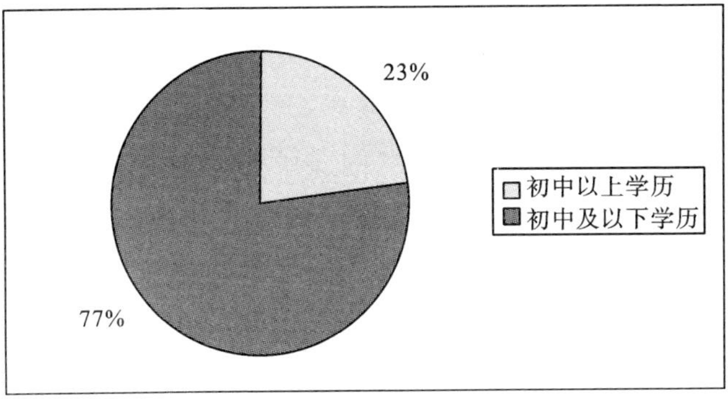

图 2 被调查消费者受教育程度统计图

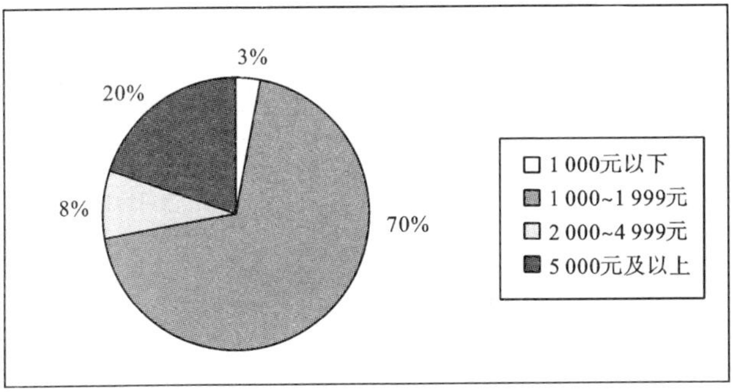

图 3 被调查消费者收入结构图

我们了解到，被调查的消费者，他们对于店铺的选择并不受其是否是市场工程店的影响，他们更在乎的是购买商品的便利性，故他们经常会选择就近购买。另外，某些工程店的商品价格会比在一般杂货铺贩售的同类商品的价格更高，消费者也会因此选择在一般杂货铺进行购买。农村居民购买商品时并不看重品牌，而更在乎价格。他们也不讲究商铺的装修，不看重购物环境，甚至不关注服务人员的态度和水平。他们中很多人甚至不知道万村千乡市场工程店，只要有物美价廉的商品且购买很方便，他们就会选择购买。

（二）消费者对万村千乡市场工程店的满意度情况分析

我们分别在调查的五个乡镇中找到了客流量最大的工程店，进行了客户满意度调查，并进行了总结分析，如表1所示。

表1 各乡镇万村千乡市场工程店满意度调查统计

	非常满意	满意	一般	不满意	很不满意
清溪场镇	5	1	1	1	0
孝溪乡	3	3	2	0	0
官庄镇	3	2	2	0	1
石耶镇	4	1	1	1	1
梅江镇	2	4	1	1	0
总计	17	11	7	3	2

由表1可知，从整体来看，老百姓对于万村千乡市场工程店还是比较满意的。由此可见，万村千乡市场工程在农村经营有实际价值，在村民心目中有很大分量。大家喜欢它，支持它，这也是该工程能够顺利实施并发展壮大的关键。

四、万村千乡市场工程实施情况总结

（一）基本实施情况

秀山县自2008年实施“万村千乡市场工程”项目以来，以服务“三农”为宗旨，运用现代流通方式，切实加强农村市场商品流通网络建设，不断改善农村消费环境，提高商品质量，全县“万村千乡市场工程”建设成效显著。该工程自2008年启动，规划建设网点总数538个。截至2009年6月底，全县已建成日用消费品店230个，农业生产资料店224个，其中94个日用消费品店和69个农资店已上报市商委验收，其余网点验收工作正在准备当中。2009 年年底，已经基本实现全县所有乡镇和行镇村万村千乡市场工程网点的全面覆盖。2014 年引入“武陵生活馆”之后，全县建立了 7 个中心配送点，力求更加高效地完成配送。2014 年之后，在这些中心配送点的辐射下，更多网点建立起来。截止到 2015 年春，全县共建成万村千乡市场工程店 600 余个。秀山县总共有 32 个乡镇，平均每个乡镇有 19 个网点左右，每个村有 1～2 个网点。目前，秀山县已经基本实现了网点全面覆盖，只有极少数非常偏远、交通极为不便利的行政村尚未开通网点。

截止到 2015 年，秀山县新建配送中心 7 处，改造或新建农家店 600 个，新增农家店商业面积 37 750 平方米，新吸纳就业人员 760 余人，年销售额增长 28% 以上。全县构建起了以配送中心为龙头、乡镇店为骨干、村级店为基础的新型农村商品流通网络，改变了以往农家店设施陈旧、商品单一、质次价高等方面的缺陷，改善了农家店的环境卫生和商品质量，使农民在家门口就可以买到货真价实的农资商品，有力促进了农村消费和经济发展，取得了“政府得民心，农民得实惠，企业得市场”的良好成效。

（二）万村千乡市场工程店给乡村零售业带来了哪些变化

乡村零售业在万村千乡市场工程的支持下迅速发展，其虽然在业态上没有很大的变化，但是在经营种类、经营规模、商品质量、便利性等方面取得了极大的成就。首先在经营种类方面，它一改以往的单一形式，成为综合性较强的零售方式。在一家店里，各种各样村民日常需要的生活用品一应俱全。其次是在规模方面，万村千乡市场工程店在经营面积、经营种类、经营数量上都有很大的突破，经营效率得以提高。然后是商品质量方面，以往的商户均为个体户，店铺内各种商品杂陈，商品质量难以保证，而经过改造后，店铺有了稳定的货源、固定的供货商，商品质量有了极大的保证。最后从便利性方面来看，万村千乡市场工程店给当地的居民带来了购买的便利，居民购买速度也有所提高。

万村千乡市场工程还给乡村物流带来了变化。改造前，基本上是商家自己联系供货商，当商家缺货的时候，就自己去农贸市场或者供货商所在地取货，然后自己运回，费时费力又费钱。而万村千乡市场工程建立了七大网点配送机制，当商家缺货的时候，只需要一个电话，配送点就将以最快的速度将货物运送到位，并及时补货，让店家不至于断货。配送流程发生了根本性变化，实现了商家向供货点取货，到配送点给商家送货的转变，这给商家带来了极大的便利。

五、秀山县万村千乡市场工程存在的问题

“万村千乡市场工程”实施运行以来，确实在很大程度上改善了农村消费环境，有效地缓解了农民消费不安全、不方便、不实惠的问题。目前，农村现代流通体系的基本框架已初步确立，现在已基本覆盖了全县各乡镇、行政村，初步形成了基于市、镇、村的一体化流通网络。随着农业现代化的进程不断加快，建立并完善与之相适应的农村现代流通体系已十分重要。但是在实际运行中，现行的体系并不能满足现代农业发展的需要，农村流通发展仍然滞后于现代农业的发展，农业生产和农民生活仍存在着很多不便利、不安全、高成本、低效率等问题。通过对秀山县“万村千乡市场工程”实施情况的调查，我们发现其目前仍然存在着一些突出的问题，制约着农村现代流通体系和零售业的健康发展。问题主要包括六个方面：①政策的宣传力度有待加强。②农民的消费观念亟待提升。③政府补贴政策有待完善。④农村基础设施依旧薄弱。⑤市场信息化程度不

高。⑥市场主体参与积极性不高。

六、建议与对策

改革开放以来，我国农村市场流通体系得到了一定的发展，但总体依然十分落后，存在着网络不全、渠道不畅、成本过高、消费不便等一系列问题。从整体上看，长期以来受城乡二元经济结构的影响和农村生产力水平低下的制约，我国在商品流通体系建设中“重城市、轻农村”，在农村工作中“重生产、轻流通”，致使农村商品流通体系建设滞后，商品双向流通不畅。农村流通体系的不健全在根本上不适应扩大农村消费、发展现代农业和建设社会主义新农村的需要。因此，必须把建设和完善农村现代流通体系提升到关乎农村经济、社会面貌改善的高度来抓，改变社会意识深处的“重城轻农”思想，统筹城乡发展，进一步为繁荣农村市场、扩大农村消费需求、改善农村消费环境、促进农民增收提供体制机制保障。具体措施包括六个方面：①继续加强“万村千乡市场工程”政策的宣传力度。②因地制宜，科学规划，建立与农村生产力相匹配的流通体系。③积极扶持农村流通基础设施建设。④提高农民综合素质，引导农民合理健康消费。⑤大力培育多元化的市场主体。⑥进一步完善和落实政府相关支持政策。

七、总结

重庆市秀山县万村千乡市场工程实地调研的目的就在于对这一项国家牵头，市县乡村层层合作，最终达到利民惠民的国家政策的全面把握。本次调查就该工程的发展状况、面临的问题、解决措施进行了探讨。

通过实地调研，我们不得不承认秀山县的万村千乡市场工程取得了有目共睹的进步，在全县范围内基本建立起了全面覆盖网络，给老百姓带来了真正的便利和实惠。同时，该工程贯彻落实了国家政策，在农村建立起了一套流通体系，乡村零售业也取得了极大的进步。这种建立基本配送点，按需配送、及时配送的模式是一种非常好的模式，高效而迅速。像这种惠及千家万户的利民政策，得到了多方支持。虽然很多老百姓并不知道万村千乡市场工程，但是因惠及自身，相信他们在以后的消费中也会对此给予支持。

虽然说万村千乡市场工程取得了一些成绩，但是我们也不能忽视它在发展过程中存在的问题，例如宣传力度不够、村民消费观念落后、基础设施薄弱等。若是想要工程能够长足发展，我们还需要努力改变现状、弥补不足，并不断努力，取得进步，为农村居民的消费提供有力保障。

重庆市巫溪县万村千乡市场工程调研报告

李　庆[①]

调研时间： 2015 年 3 月 1 日—7 日

调研地点： 重庆市巫溪县

调研方法： 实地调查

一、调查背景

“万村千乡”市场工程是商务部为构建农村现代流通网络、开拓农村市场、扩大农村消费、促进社会主义新农村建设而实施的一项惠农工程。该工程通过建设县级配送中心、乡镇连锁经营超市、村社便民放心商店等县、乡、村三级日用消费品及农业生产资料销售网，最终达到工业品下乡、农产品进城，以及构建城乡商贸流通体系的目的。

2015 年，巫溪县丰谷农资有限责任公司已经由市商委报请商务部备案，成为全县“万村千乡”市场工程农业生产资料承办龙头企业；巫溪县联嘉商贸有限公司已经由县贸易局推荐至市商委，市商委已报请商务部并确认其为日用消费品龙头配送

① 李庆系重庆工商大学贸易经济专业 2012 级 1 班学生。

企业。本次共调研参与了万村千乡市场工程的四家店铺。

二、巫溪县承办万村千乡市场工程的龙头企业简介

该龙头公司前身为“巫溪县批发部”，创建于1997年。公司正式成立于2008年7月，主要从事食品、日用百货的批发、零售、物流配送及农副产品、再生资源的回收、销售。其是全县集批发、零售、仓储、物流为一体的大型商贸流通企业。公司现办公地点位于新城粮站内，拥有县级配送中心一个，辐射周边八区一镇，以及奉节、巫山、城口、陕西镇坪、湖北竹溪等地，仓库总面积为3 600平方米，拥有配送车辆20多台。公司引进先进的用友进销存系统及自动化办公系统。全县拥有零售店铺332个，其中直营店6个，“万村千乡市场工程”加盟店326个。加盟农家店内安装了100多台惠农通自动POS机，广大农民可以在家门口实现POS机刷卡消费、小额取现、移动充值，这完善了农家店的信息自动化，带动了近2 000人就业。公司于2012年被县人民政府确定为巫溪县应急保供重点企业，负责方便食品及瓶装饮用水共计40吨（价值约260万元）的安全库存量；公司于2012年被市商委确定为“万村千乡市场工程示范企业”。

公司拥有康师傅、统一、双汇食品、老干妈、宝洁日化、榄菊日化、立白日化、保宁调味等产品在四十多个区域内的总代理权。2011年，公司完成销售总额6 800万元，2012年销售额达到1亿元，创下历史新高。

三、调研情况

（一）商户的基本情况介绍

第一，巫溪县联嘉超市凤凰店。该店铺开店时间为2011年，其位于凤凰镇老街，消费群体为凤凰乡镇居民及两小时内车程的农村居民。店铺营业面积在380平方米左右，店有员工5~6人。店铺商品种类有日化品、包装食品、干果、生鲜，年销售额在100万元左右。

第二，嘉联超市凤凰职教中心店。该店铺开店时间为2012年，总面积约为300平方米。消费者大多为凤凰镇周边居民及该职教中心师生，店内员工有4人。店铺内主要商品种类为日化文具用品、包装食品及水果，年销售额为100万元左右。

第三，联嘉超市巫中店。该店铺位于巫溪中学老校区正门前100米，于2010年开店，主要消费人群为巫溪中学学生及家长。店内有员工6人，商品种类为日化品、包装食品、干果。该店铺营业面积为250平方米，年营业额在110万元左右。

第四，联嘉超市白马中学店。该店铺位于巫溪中学白马校区正门前200米，分为精致生活店与精品文体店。其中，精致生活店的营业面积在250平方米左右，店内有员工4人，商品种类有日化、包装食品及少量熟食品，年营业额达100万元。另外，因实地调查期间精品文具店没有开门，故无法对其进行调查。

（二）基本经营情况总结

调研的四家超市的单位面积营业额如图1所示，四家超市的基本经营情况如表1所示。

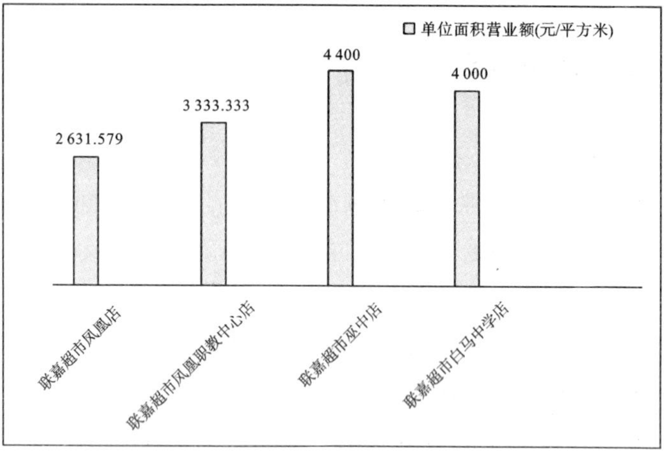

图 1　各超市单位面积营业额对比图

表 1　各超市基本经营情况表

	联嘉超市凤凰店	联嘉超市凤凰职教中心店	联嘉超市巫中店	联嘉超市白马中学店
每日来客数(人)	200	300	500	400
年销售额(万元)	100	100	110	100
总营业面积(平方米)	380	300	250	250
总部配送率	91%	92%	93%	91%
单位面积年租金(元/平方米)	144.737	226.667	325	312
单位面积营业额(元/平方米)	2 631.579	3 333.333	4 400	4 000

通过走访四家万村千乡市场工程店，我们得知，巫溪县万村千乡工程店经营水平较高。从分布情况来看，面积较大的店铺主要分布在镇上，而不是县城繁华段。同时，店铺在选址上多考虑学校附近交通相对便利的地方。由图 1 可知，联嘉超市巫中店的经营状况最佳，职教中心店、白马中学店次之，凤凰

老街店相对较差。在消费水平相差不大的情况下，店铺经营状况主要受周边人口、交通等因素影响较大。同时值得注意的是，总部配送率相对较高，这得益于配送中心商品齐全，且周围交通便利。除了水果和部分熟食外，几乎所有商品均由总部配送中心配送，很少出现送货不及时的情况。

四、被调查消费者消费情况分析

（一）消费者基本情况

消费者所处的地域：巫溪县及周边乡镇。

消费者的收入水平：巫溪县人均地区生产总值常年居重庆各区县之末，消费水平整体较低，层次差距较大。

消费者年龄分布情况：巫溪县作为“老少边穷”的典型，留守儿童和老人居多，因此消费群体主要是中老年和少年儿童，其中青年消费者明显较少。具体情况如图 2 所示。

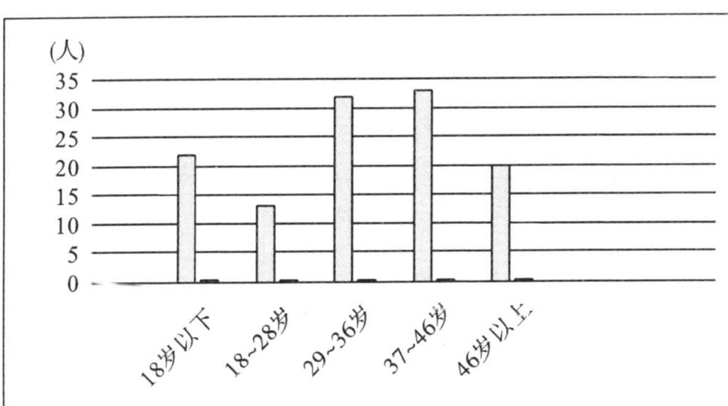

图 2　消费者年龄分布

消费者文化程度分布情况：在相对封闭的山区，大部分青年都离家求学或工作，居民的文化水平偏低。在实际调查中我们也发现，消费者文化程度普遍仅限于初中，甚至少数文化水平在小学及以下。具体情况如图 3 所示。

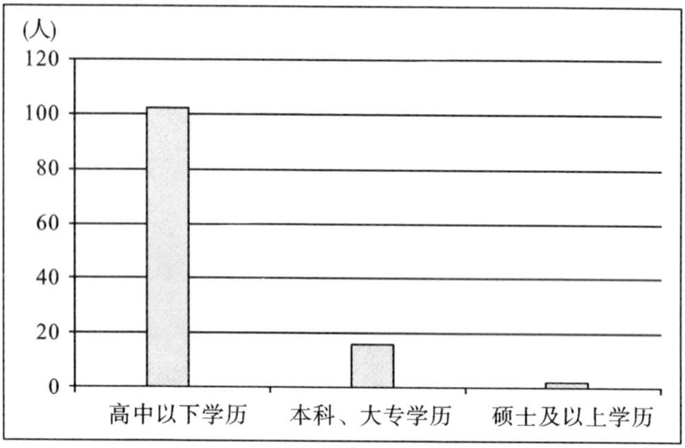

图 3　消费者文化程度分布

（二）消费者对万村千乡市场工程店的基本认知

消费者是否知道万村千乡市场工程：通过图 4，我们可以清晰地看出，尽管配送中心总部以及各商家在店里有明显的万村千乡市场工程的广告指示，绝大部分消费者还是对该工程一无所知，只有 15%左右的消费者有所了解。

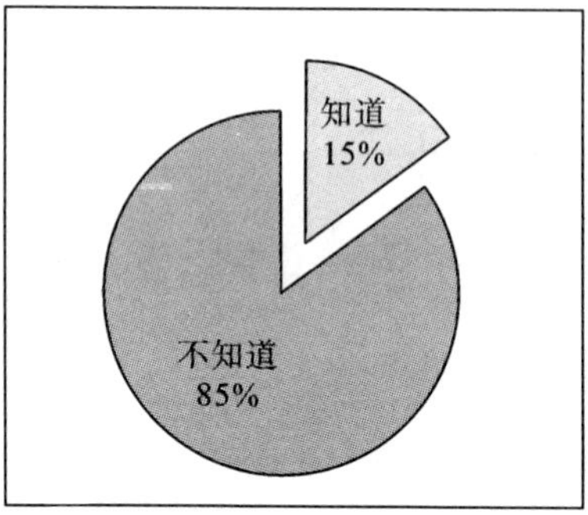

图 4　消费者对万村千乡市场工程的了解程度

消费者是否会首选万村千乡市场工程店进行购买：如图5所示，问卷反馈出消费者对是否首选万村千乡市场工程店进行购买呈无所谓的态度。在调查中我们发现，当地消费者还是经常在此类店铺进行购买，而购买的理由不是因为该店铺是万村千乡市场工程店，而是因为方便或便宜。

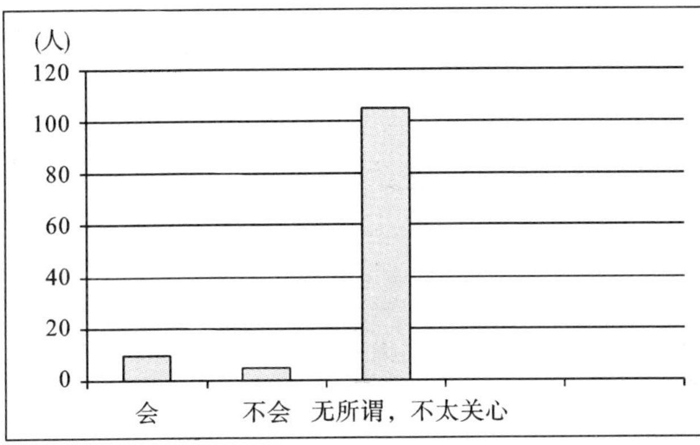

图5　是否首选万村千乡工程店

（三）消费者对万村千乡市场工程店的满意度情况分析

消费者对万村千乡市场工程店的商品质量评价：由图6可知，大部分消费者认为工程店商品的质量一般，或者和其他店差不多，其中只有很少一部分的消费者认为工程店的商品质量是非常好的。

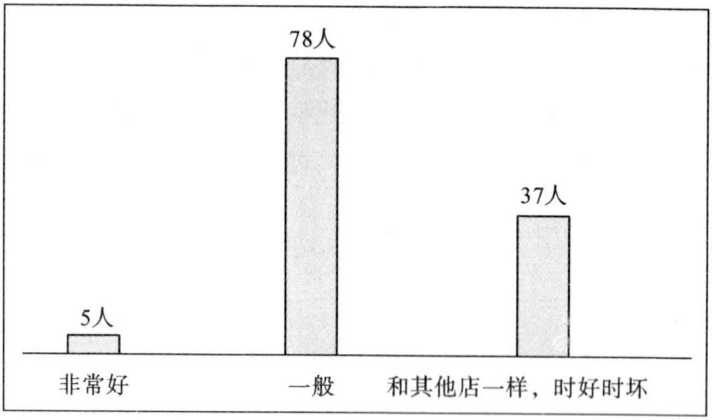

图 6　消费者对万村千乡市场工程店商品质量的评价

消费者对万村千乡市场工程店的商品价格的评价：如图 7 所示，总体上来说，消费者对万村千乡市场工程店的商品价格是认可的，大部分消费者认为价格比其他店铺低一些。同时，我们也在实地走访中了解到，调查的这四个超市经常举行促销活动，通常会在活动前几天分发促销活动传单，消费者往往会选择在商品促销期间专门前往店铺进行选购。

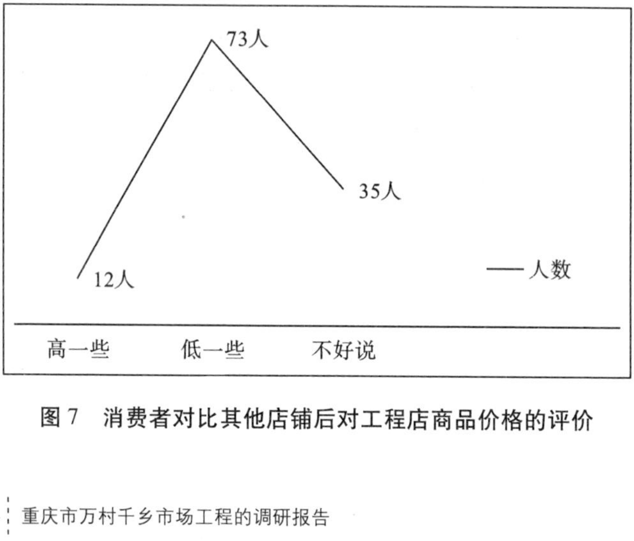

图 7　消费者对比其他店铺后对工程店商品价格的评价

消费者是否认为自己从万村千乡市场工程中受益：通过调查可知，尽管少数消费者并没有觉得自己从中受益，但在巫溪这样的偏远地区，零售业发展相对落后，部分乡镇也是近几年才出现超市的。相对以往来说，无论是在市场商品的丰富多样性还是价格质量问题方面，大部分消费者还是觉得自己从工程中受益，其中值得一提的还有购物环境的改善。具体情况如图 8 所示。

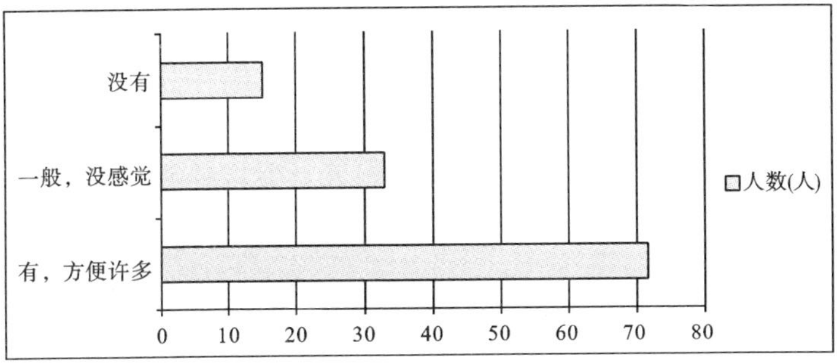

图 8　消费者是否认为自己从工程中受益

五、调查总结

（一）万村千乡市场工程给农村零售业带来的变化

由于农村地区交通不便、信息闭塞，因此农村商贸的发展落后。我们在新闻中也经常看到农村地区的售假现象，消费者得不到最基本的质量保障。自万村千乡工程开展以来，其不仅为农民构建了省时、省钱、省心的购物环境，也为流通企业繁荣农村市场创造了机遇，带动了农村社会全面发展，同时在吸纳农民就业方面也有一定的推动作用。

（二）巫溪县万村千乡市场工程实施情况总结

1. 万村千乡工程成果

从2005年起，为扩大农村消费、提高农村商品质量、更好地服务“三农”，商务部在全国试点实施“万村千乡市场工程”，重构农村现代流通网络。重庆作为首批试点城市，市委、市政府高度重视，精心组织，强力推进。到2014年年底，全市共建设改造日用消费品和农资县级配送中心62个、乡镇超市1 728个、村级便民店18 256个，在全国率先实现了“县县有配送中心、乡乡有连锁经营超市、村村有便民放心商店”的全覆盖目标。截至2015年，全市已安装布设信息化终端4 301台，覆盖全市近一半的行政村。同时，巫溪县发展加速，拥有零售店铺332个，其中直营店6个，“万村千乡市场工程”加盟店326个。就本次调查情况来看，巫溪县大型乡镇店一般在每个镇都开设有2~3家。

特别值得一提的是“万村千乡市场工程综合信息服务平台”，它由两个平台和一个终端组成，两个平台分别是市商业信息中心的中心平台和龙头企业的物流管理平台，而“农商通”信息机正是这一系统的终端。2009年，重庆市商委与中国农业银行重庆市分行、中国移动通信集团重庆有限公司共同签署了《重庆市万村千乡市场工程综合信息服务平台建设战略合作协议》。三方共同商定，通过发挥各自优势，实现资源共享，将重庆市“万村千乡市场工程”流通网络建设与银行惠农卡用卡环境建设、小额信贷发放以及农村现代通信服务有机结合，共同打造农村商务信息服务平台，进一步改善农村地区的商务、金融、信息服务，推动农村商务信息服务体系的建设。在巫溪县万村千乡市场工程建设中，我们也可以看出“农信通”得到了充分利用。

2. 万村千乡市场工程店给乡村零售业带来了哪些变化

这一工程通过连锁经营、统一配送的方式，保证了商品（特别是食品与农资）的质量，使广大农民免受假冒伪劣商品的侵害；这一工程把超市送进乡村，使农民告别了“油盐酱醋找个体，日常用品赶大集，大件商品跑县里”的传统购物方式；这一工程使流通企业在为繁荣农村市场做出贡献的同时，销售额也快速增长，流通成本明显降低。

（三）重庆万村千乡市场工程存在的问题

1. 宏观管理方面的问题

企业工作人员没有认真学习上级商务主管部门的文件精神，缺乏业务知识，认为没有法律法规的要求，引导、管理工作难度大，工作难以开展。同时，企业服务意识淡薄，只想争取补贴，而忽视为群众服务。部分农家店店主的文化素质不高，对“万村千乡市场工程”的政策和目的认识不到位，对消费者缺乏引导。

2. 微观经营方面的问题

第一，重建轻管。有的农家店仅仅只是签订了一份加盟协议，以便领取补助资金；有的农家店对初验时提出的整改要求没有进行落实；承办企业与农家店的关系松散，管理相对较难。

第二，布点不够合理。由于巫溪县农村商业网点主要集中在乡镇所在地的村委会，同时承办企业在选址布点时总是考虑配送成本，故70%的企业均选择在乡镇所在地开办。

第三，商品配送率不高。由于各农家店商品多、进货渠道广、进货价格多样，且多数农家店既接受承办企业配送，也接受其他经营大户配送，故承办企业配送率低。

第四，配送品种单一。由于承办企业配送成本较高，故配送品种较少。

第五，农家店经营环境有待进一步整治。有的农家店商品摆放杂乱，柜台灰尘满布，商品台账记录不全，资料保存不规范，农家小店的面貌依旧未改。

六、建议与对策

（一）加大资金政策扶持力度

万村千乡市场工程是一项面对农村的系统工程。农村地区的发展整体落后，故政府应从项目审批、用地价格、税费减免、融资贷款、资金补助等方面给予试点企业全方位的优惠扶持，帮助其做强做大，更好地服务于“三农”。

（二）精心规划网点布局

应结合巫溪县的地理环境和人口分布情况，认真规划镇级店和村级店，确保其功能最大化。

（三）切实降低物流配送成本

商贸流通领域的成功很大程度上取决于物流配送的效率，故万村千乡市场工程也应结合农村地区特殊的物流情况，克服先天的不利条件，切实提高物流配送效率。

（四）强化跟踪监管与服务

万村千乡工程需建立长效监管机制，在商品配送、经营销售、售后服务等环节加强对试点企业和镇村店的监管，及时有效地解决其在运行过程中暴露出来的问题。

参考文献

[1] 杨平宇，李骏阳. 中国农村消费品流通业效率研究[D]. 上海：上海大学，2014.

[2] 李骏阳. 我国农村消费品流通业创新研究 [J]. 中国流通经济，2015 (4).

[3] 卢红波. 加快构筑农村现代流通体系 [N]. 农村金融时报，2014-09-29.

[4] 魏勇，王钊. 农村居民消费行为变动及其制度成因研究——以重庆市为例 [D]. 重庆：西南大学，2012.

[5] 亢舒，谢兴. 重庆：搭建农村消费市场信息化“金桥” [N]. 经济日报，2011-04-08.

[6] 郭昕. 论农村零售市场 [J]. 魅力中国，2012 (12).

[7] 曾庆均. 零售学 [M]. 北京：科学出版社，2012.

[8] 黄小彪. 连锁经营管理概论 [M]. 北京：中国财政经济出版社 ，2011.

[9] 王建丽，张渭育. 统计学 [M]. 北京：清华大学出版社，2010.

重庆市大足区万村千乡市场工程调研报告

何琴慧[①] 段会文[②] 武梦迪[③]

调查时间： 2015年2月1日—7日

调查地点： 重庆市大足区各个乡镇

调查方法： 实地调查、现场访谈

一、被调查商户经营情况分析

（一）被调查商户的基本情况介绍

1. 乡镇商户基本情况

本次调查共走访了20家乡镇，包括大足镇、邮亭镇、龙水镇、宝顶镇、中敖镇等，覆盖了一半的大足区乡镇。其中，20%的受访商户参与万村千乡市场工程5年以上，65%的商户参与该工程的时间为1~5年，15%的商户参与时间在1年以内。在交通便利、人群集中的乡镇地区，大部分商家会选择参与万村千乡市场工程。参与工程的商户经营状态良好、经营种类齐全，一方面方便了乡镇百姓的生活，另一方面也积累了资金，有利于自己进一步扩大商店经营面积。目前，部分超市店铺面

---

① 何琴慧系重庆工商大学国际经济与贸易专业2012级1班学生。

② 段会文系重庆工商大学国际经济与贸易专业2012级1班学生。

③ 武梦迪系重庆工商大学国际经济与贸易专业2012级1班学生。

积在200平方米以上，经营种类有40多种。乡镇商户经营时间情况如图1所示。

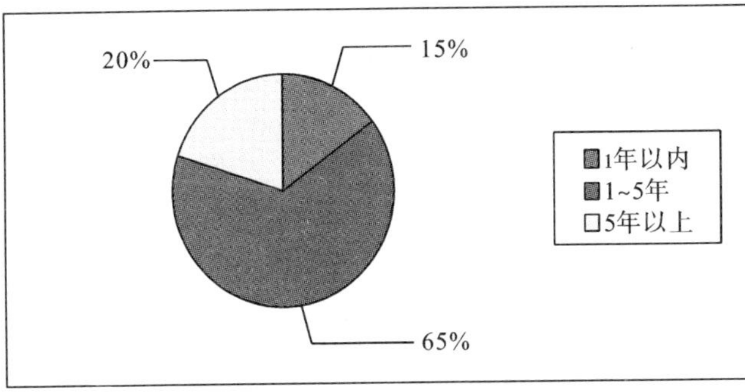

图1　乡镇商户经营时间情况

2. 农村商户基本情况

本次调研共走访了15家农村商户，覆盖了大足区农村的43%。其中，6%的商户参与万村千乡市场工程5年以上，87%的商户参与该工程1~5年，7%的商户参与时间在1年以内。在人流量较少的偏远地区，大部分人会选择外出务工发展，客观上限制了万村千乡市场工程店的发展。目前，80%以上的店铺经营面积在60平方米以下，经营面积狭小，经营种类稀少，且以油盐等基本食品为主。农村商户经营时间情况如图2所示。

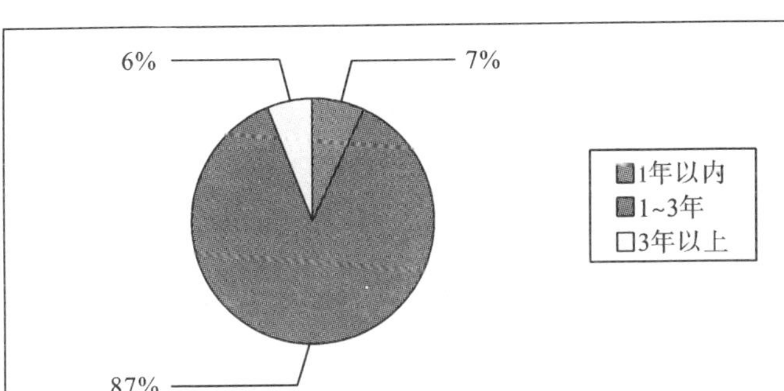

图2　农村商户经营时间情况

（二）商户销售业绩分析

1. 乡镇商户销售业绩

乡镇商户由于经营面积较大、经营商品种类繁多、交通便利，再加上商户经营信誉良好，消费者更愿意选择在店内购买，这为经营商户带来了可观的收入。乡镇商户月销售业绩情况如图3所示。

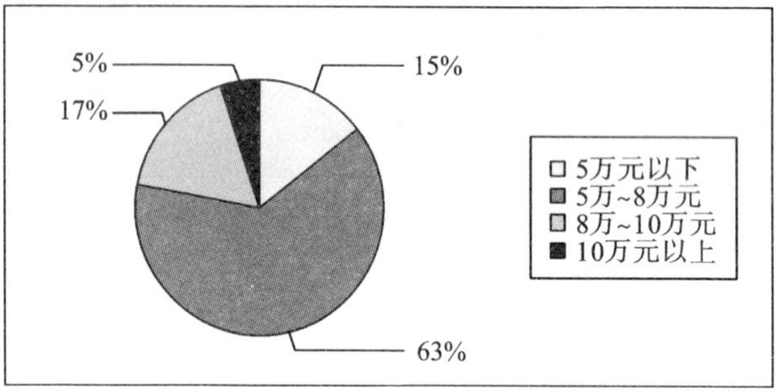

图3　乡镇商户月销售业绩情况

2. 农村商户销售业绩

农村地区地理位置偏远，人流量较少，交通也不便，故农村商户的销售业绩会受到影响。农村商户月销售业绩情况如图4所示。

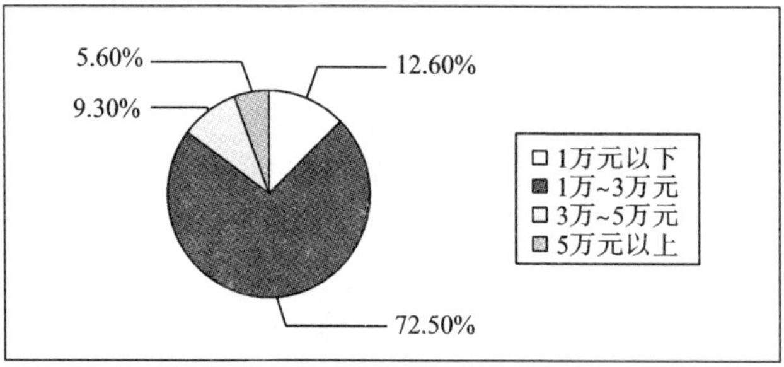

图4　农村商户月销售业绩情况

（三）万村千乡市场工程给乡镇及农村零售业带来的变化

1. 万村千乡市场工程给乡镇零售商户带来的变化

首先，店铺变化。①拓宽了乡镇零售商户的进货渠道，其中总部配送的方式方便了商户经营者进一步选择商品；②国家商务部对工程店的支持增强了消费者对商品的信赖度，为商户店铺树立了良好的品牌形象。

其次，消费环境变化。①进一步拓宽了消费者生产生活用品的选择渠道，商品质量有了更好保障；②丰富了商品种类，满足了乡镇百姓越来越高水平的生活需求；③消费环境市场进一步规范化，接受政府部门更为直接有效的监督与监管，消费者权益得到了更大的保障。

最后，项目支持。①实行联合采购、联合配送，有效降低商品成本达，同时积极实施统购统配；②升级改造销售网络，实现金融、通信、小额提现、刷卡消费、废品收购等功能；③建设“万村千乡市场工程企业物流管理系统”，普及“万村千乡市场”农商通信机。

2. 万村千乡市场工程给农村零售商户带来的变化

首先，企业变化。①规范了农村零售企业的进货渠道，很大程度上保障了商品质量，避免农村小商户经营者不规范甚至非法进货的情况；②保障了小商户经营者享有市场信息的权利，减少了因市场信息、市场政策不透明而造成的不公平竞争。

其次，消费环境变化。①极大地方便了农村消费者购买生活必需品，减少了他们去乡镇购物而产生的交通等费用；②保障了消费者权益，使农村消费者也可以享受到乡镇居民享受到的商品和服务；③消费产品更加安全。

二、消费者的消费情况调查分析

（一）消费者基本情况调查分析

本次调查的消费者，所处的地域为大足的乡镇和农村。调查问卷显示，这些消费者中，有 90% 的人处于中低下收入水平，仅 10% 的人有着高收入。消费者的年龄大多集中在 30 岁以上，61% 的人学历在高中以下，其余 39% 的人学历在高中以上。从整体消费者的基本情况可知，到万村千乡店消费的顾客大多是中老年人，学历偏低，收入水平中等。

（二）消费者对万村千乡店的认识

通过对问卷的调查分析，我们发现无论是在乡镇还是农村，消费者对万村千乡店的了解程度都不太高。当然，乡镇的居民了解的程度略高于农村居民。居民对万村千乡店的了解程度统计如图 5 所示。

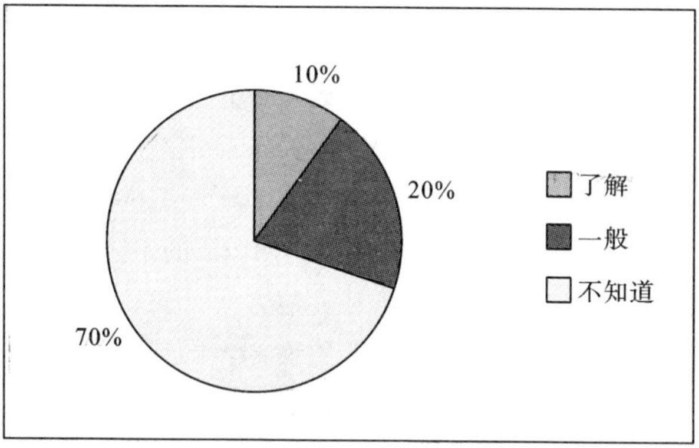

图 5　居民对万村千乡店的了解程度

由图 5 可知，有 70% 的被调查消费者不知道万村千乡市场工程，20% 的被调查消费者对该工程有一点了解，仅有 10% 的被调查消费者了解该工程。虽然大家不知道自己经常买东西的超市是“万村千乡”店，但是大家对于诸如“重客隆”“唯一”这些家喻户晓的超市的认知度很高，对于这些店的信赖程度也较高。消费者调查问卷显示，龙水镇、龙岗镇、邮亭镇等多镇消费者购买日常家用生活用品会首先考虑到这些超市去购买；而农村消费得比乡镇消费者去万村千乡市场工程店的次数少。这种现象出现的原因有：农村交通不太便利，各家各户居住地离万村千乡店也不算太近；万村千乡店的产品有质量保证，价格相对于其他普通店要高；大家已经习惯了去普通的、熟悉的小店购买产品。

在选择去工程店购物的主动性方面，乡镇居民的积极性比农村居民强。问卷调查显示，83%的乡镇居民都会主动选择去万村千乡店购买产品。

消费者主动选择去万村千乡店购物的理由有五点：第一，万村千乡店物品丰富、质优价廉；第二，万村千乡店交通便利，地处各街道繁华处；第三，万村千乡店促销活动较多；第四，万村千乡店的商品质量有保证，售后服务较好；第五，万村千乡店支付方式较多，消费者可以刷卡支付。

虽然万村千乡店具有各种优势，但是它也有需要改善的地方。根据我们对调查问卷的分析，被调查者对万村千乡店还是比较满意的，但是乡镇与农村的调查情况略有不同。农村的万村千乡店由于受到各种条件的限制，大家对它的满意度明显不如乡镇消费者对万村千乡店的满意度高。在本次调研中，我们选择了 50 家商铺，并从中挑选了几家有代表性的商铺，制作出了调查统计表。部分商铺的满意度调查统计如表 1 所示。

表 1　　部分商铺的满意度调查统计

店铺＼满意程度	非常满意	满意	一般	不满意	很不满意
重客隆龙水店	6%	66%	15%	11%	2%
重客隆双桥店	5%	50%	25%	15%	5%
唯一龙西店	20%	40%	30%	10%	0%
唯一街心店	10%	69%	20%	1%	0%
唯一花市街店	20%	70%	10%	0%	0%

各种因素对购买力水平的影响统计如图 6 所示。

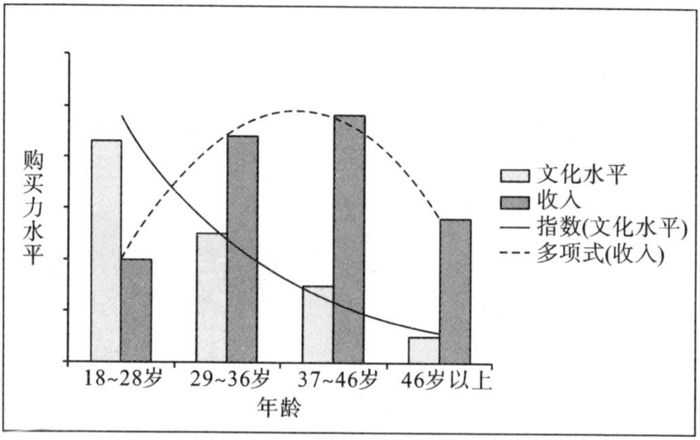

图 6　各种因素对购买力水平的影响统计

消费者在万村千乡店购买的产品类型统计如图 7 所示。

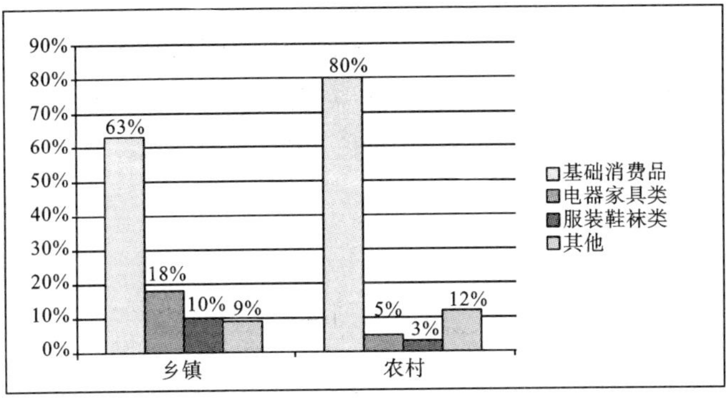

图 7　消费者在万村千乡店购买的产品类型统计

三、万村千乡市场工程实施情况总结

（一）总体实施面

七天时间里，调查小组走访了很多万村千乡市场工程店。为了更加精确地了解大足区万村千乡市场工程的实施情况，调查组采访了大足区物资配送总部的工作人员。工作人员出示的资料显示，大足区的万村千乡市场工程店“重客隆”和“唯一”超市自大足区实施该工程以来，已经覆盖了全区 24 个街镇乡、242 个行政村，其中建成镇级超市 49 个、村级便民店 453 个，平均每个镇/村都有 2 个超市，覆盖率达到 100%。在重庆市各区县中，大足区的万村千乡市场工程店的建设名列前茅。

（二）万村千乡市场工程店增长情况

有了政府的大力扶持，大足区的万村千乡市场工程店发展迅速。早在 2008 年，大足区“万村千乡市场工程”就已经实现了“村村全覆盖”，做到了每镇、每村至少有一家“万村千乡市场工程店”。2008—2009 年，大足区新增农业生产资料街镇乡连锁经营超市 8 个、村级便民放心超市 100 个。截至 2014 年年底，大足区有镇级超市 49 个、村级便民店 453 个。关于销售收入增长问题，很多商户不愿意直接透露，但我们从总部了解到，2014 年，大足区“万村千乡市场工程店”上半年实现销售额 9 000 万元，比上一年同期增长 13%，全年销售额突破 2.2 亿元。

（三）万村千乡市场工程十年来取得的成绩

1. 改善了城镇农村的商品流通体系

在商务部实施此工程之前，农村的商品流通并不能形成体系，农村商业与城镇商业分离，效益不高。而万村千乡市场工程很好地改善了这一局面，使得城镇农村商业得以紧密联系。如今，以城区店为龙头、乡镇店为骨干、村级店为基础的农村现代流通网络框架已初步形成。

2. 改善了城市农村的商业环境

这一工程的实施极大地增强了居民购物的便利性，超市通过总部物流中心采购的商品更有质量保证。以前由于开店成本高、客源不稳定，商户在开店前有很大风险，以至于农村很少有标准的超市，一些城镇居民区也缺少标准超市。万村千乡店进驻城镇农村后，为农村居民省下了进城购物的交通费用，让城镇居民的生活更加便利。

3. 拉动了农村消费

农村的地理位置和商业布局限制了农民的消费。我国农村消费潜力巨大，有待进一步挖掘。万村千乡工程的实施，改善了农村的消费环境，便利了农民的生活，促使农村居民进行消费。

4. 推进统筹城乡发展

万村千乡市场工程店不仅有生活用品便民店，也有农资店。这些企业进入农村，开启了农村消费的新局面，起到了城市反哺农村、商业反哺农业的作用，推进了城乡统筹发展。

（四）万村千乡市场工程店给乡村零售业带来的变化

万村千乡市场工程店进入乡村，改善了乡村的消费环境。首先，规范了企业的进货渠道。总部配送让商品质量有了保障，乡村城镇商业实现了一体化。其次，商品种类增多。万村千乡市场工程店进入乡村之前，乡村店铺多以便民小卖部为主，商店数量少、规模小，售卖的商品种类也不多。万村千乡市场工程店很好地改善了这一局面，使商品分类清晰、品种增多、规模扩大。最后，加入万村千乡市场工程门槛低、市场风险小，商户愿意加入，这使得乡村商店增多，居民消费更加便利。

四、大足区万村千乡市场工程存在的问题

（一）管理方面存在的问题

1. 认识不到位，管理难度大

部分商户经营者缺乏业务知识，忽视对法律法规要求的深入学习；工作难开展，企业服务意识淡薄，只想争取补贴，忽视为群众服务，对消费者缺乏正确积极的引导。

2. 商品配送率较低，配送商品种类单一

由于各农家店商品多、进货渠道广、进货价格参差不齐，多数农家店既接受承办企业配送，也接受其他经营大户配送，导致承办企业配送率低，配送品种单一，缺乏有效竞争力。

3. 商品配送成本较高

乡镇尤其是农村，由于其位置分布相对分散，承办企业过度考虑选址问题，造成配送中心位置设置上的不合理，增加了配送成本。

4. 商户经营者缺乏系统的学习，商店总体服务态度欠佳

乡村超市店内的促销员和收银员由于缺乏有效的学习和科学系统的管理，整体素质不高，服务意识欠缺。

（二）经营方面存在的问题

商品摆放杂乱，柜台布满灰尘，商品安全性缺乏保障；商品的台账记录不全，资料保存不规范，农家小店的面貌依旧未改；商户经营者经营经验不足，自身目光较窄，造成超市店铺经营不规范的现象；部分农家店店主的文化素质不高，对“万村千乡市场工程”的政策和目的认识不到位，对消费者缺乏引导，缺乏必要的销售技巧；部分超市一味追求补贴和短期利润，缺乏品牌意识和服务意识，不注重培养消费者对自身品牌的忠诚度和依赖度，伤害了消费者的感情。

（三）国家扶持的可持续性方面存在的问题

因为缺乏必要的监督，国家在扶持的可持续性方面还存在下列问题。

（1）有关部门不认真切实地监督“万村千乡市场工程”的实施，致使国家对商户的补贴并未落到实处。

（2）商户贷款程序复杂，贷款补助微乎其微。

（3）后续配套建设跟不上，有的商店只变成了“挂牌店”或商品种类很少的“空壳店”。

（四）功能和作用未完全彰显

“万村千乡市场工程”以改善消费环境、增加农民收入、扩大农村消费、惠农便民为目的。十年时间里，这项工程虽然取得了一些成就，但是其功能和作用并未完全彰显，主要表现在以下两个方面：

（1）从数据上看，“万村千乡市场工程”实现了“村村全覆盖”，但有的地方的市场工程店没有结合重庆农村村庄分布的情况选择更合理的位置，没有起到方便农民的作用。

（2）有很多商店只是挂牌万村千乡市场工程店，却由于条件的限制没有实现总部配送货物，所以商品种类不多，消费供应力不足，农民还是需要进城购买物品。如此，也无法充分挖掘农村消费潜力，农村消费环境依然没有得到改善。

五、建议与对策

为了“万村千乡市场工程”更好地开展，社会各方面需要努力协作。我们针对工程存在的问题提出以下几点建议：

（一）管理方面

加强商户经营者和超市人员的理论学习和指导，加深他们对万村千乡市场工程的了解，培养他们优质的服务意识，增强企业的核心竞争力；政府应加强引导承办企业配送中心，落实补贴政策，解决承办企业主的后顾之忧。

（二）经营方面

加强市场监管和有效引导，针对各个万村千乡市场工程店自身存在的经营问题，因势利导，制定科学合理的经营方式，切忌生搬硬套；规范万村千乡市场工程店的店内布局和商品摆放问题，严密监管店铺的进货渠道，确保商品安全；提高经营者的服务意识，保障消费者权益；商户经营者应注重自身的学习，积累先进的管理经验，将利润与服务放到同等高度。

（三）政策扶持方面

有关部门一定要加大监管，让政策落到实处，杜绝贪腐之风，严格按照重庆市“万村千乡市场工程”推进实施方案办事，让消费者、商户真正得到实惠；做好配套设施建设，简化各种登记手续，让商户愿意加入“万村千乡市场工程”。

（四）促进功能彰显方面

政府要加大对工程的扶持力度，为村民科学合理地选址；有关部门应尽可能地帮助商户实现总部配送，增加农村商品消费种类，保证商户的进货渠道和商品质量，增加农民信心。

参考文献

[1] 朱雪芹，李丰威.“万村千乡”市场工程与农资连锁经营[J]. 华北水利水电学院学报，2009 (1).

[2] 魏登峰. 让农民买得着、买得起、买得放心——商务部“万村千乡”市场工程建设综述[J]. 农村工作通讯，2009 (6).

[3] 张亚忠. 加快“万村千乡”市场工程建设[J]. 协商论坛. 2009 (3).

[4] 司瑞婕. 浅谈“万村千乡市场工程”对我国农村经济的影响[J]. 经济视角，2010 (2).

[5] 忽培元. 关于我市“万村千乡”市场工程实施情况的调查[J]. 大庆社会科学，2007 (3).

[6] 李芬儒，李东. 建设农村连锁零售业态的途径——兼谈“万村千乡”市场工程建设[J]. 经济论坛，2007 (10).

[7] 庞爱玲. 从“万村千乡市场工程”看我国农村市场的发展[J]. 内蒙古煤炭经济，2008 (3).

[8] 吴小丁，王晓彦.“万村千乡”龙头企业全面亏损的政策思考——吉林省“万村千乡”市场工程调查报告[J]. 市场营销导刊，2008 (2).

[9] 刘玉萍，郭郡郡，胡碧玉.“万村千乡”的推广难题及其解决对策[J]. 农村经济与科技，2008 (10).

[10] 林超群.“万村千乡”市场工程存在的问题及对策[J]. 农村经济与科技，2007 (1).

重庆市垫江县万村千乡市场工程调研报告

李艳玲[1]　瞿　菁[2]　余　佳[3]

调查时间： 2015 年 2 月 4 日—12 日

调查地点： 重庆市垫江县

调查手段： 实地调查

一、被调查商户经营情况分析

（一）被调查商户的基本情况介绍

此次调查，我们一共走访了 34 家万村千乡市场工程店铺，包括 9 家乡镇店铺、25 家村级店铺。在地理位置上，万村千乡店铺的分布有一定规律，一般来说是一个镇有一家“重客隆”超市，但我们走访的个别镇没有该超市，说明商务部在规划万村千乡店铺的时候也没有严格做到“一镇一超市”。两个镇之间的乡村公路上有 2~3 家村级店铺，全面覆盖了乡村地区。不管是在乡镇还是农村，万村千乡市场工程店都是当地政府与店主合作建设而成的。

---

① 李艳玲系重庆工商大学贸易经济专业 2013 级 1 班学生。

② 瞿菁系重庆工商大学贸易经济专业 2013 级 1 班学生。

③ 余佳系重庆工商大学贸易经济专业 2013 级 1 班学生。

1. 乡镇商户基本情况

乡镇的万村千乡市场工程店铺都是“重客隆”超市，其一般位于乡镇中心人口密集度最高的地方。乡镇的“重客隆”超市经营面积较大，特别是较大乡镇中的“重客隆”超市，其经营模式和县城里各大超市的经营模式一样。垫江县澄溪镇的“重客隆”超市是垫江县最大的一个“重客隆”超市，许多万村千乡店铺的商品都是在这里统一配送的。它的经营面积达到了300平方米，人气非常旺，平均每天的到店客数是400人。它位于澄溪镇的中心地段，周围有多个小区，客源丰富，在地理位置上具有绝对优势。由于它类似于现在的大型自主购物超市，商品价格也优惠，所以大多数顾客愿意专门到“重客隆”购物。

大多数镇上的“重客隆”超市是另外一种经营形态，如太平镇“重客隆”超市，就是一般的副食品店铺，基本上都是自家人经营，没有聘请其他员工。这种“重客隆”超市在经营上与其他一般的副食店相比没有优势，但如果其地理位置上具有优势的话，经营业绩也还是不错。如太平镇“重客隆”超市就处在一个三岔路口，销售业绩较理想。然而另外一家同形态的五洞“重客隆”超市由于地理位置不太理想且有竞争对手，两店距离较近，所以经营受到一定程度的影响，盈利能力低。

2. 农村商户基本情况

农村店铺一般就开设在乡村公路旁，或者村头，顾客一般是周围的村民。我们调查的农村店铺都是开了很久的副食店，基本上都是以家庭为单位在经营。附近的居民如果平时不到镇上赶集，一般都会在这样的店里购买所需物品，主要原因是购买方便且价格便宜。虽然村里的万村千乡工程店经营面积都不大，大多数只有20~30平方米，但本着就近原则，附近居民对小店的购买黏性仍然较大。

商务部选择特定的商家加入万村千乡市场工程的原因有三

个：①附近只有一家副食店，为了让万村千乡店铺以网状形式分布在农村地区，故选择了这些店铺。②这些店铺都是经营了很多年的老店了，所以商务部相信他们有持续经营的能力。③商务部相信这些店铺加入万村千乡市场工程后能给附近居民带来更多的消费福利。

（二）商户销售业绩分析

1. 乡镇商户销售业绩

图 1 是我们所调查的 9 家乡镇万村千乡店铺的月销售额情况，其中最高的是澄溪、太平、新民三个镇的店铺，月销售额在 50 000 元左右；9 家乡镇的“重客隆”超市的平均月销售额在 30 000 元左右。澄溪镇和新民镇的“重客隆”超市采取的是自选购物的模式，太平镇的“重客隆”超市采取的则是自主经营模式。我们认为，万村千乡店铺具有更大的优势。优势首先体现在价格上——当超市具有一定规模后，它的进货成本会降低很多，消费者能得到更多的优惠；其次，消费者认为超市的商品质量比一般副食零售店的商品质量好。

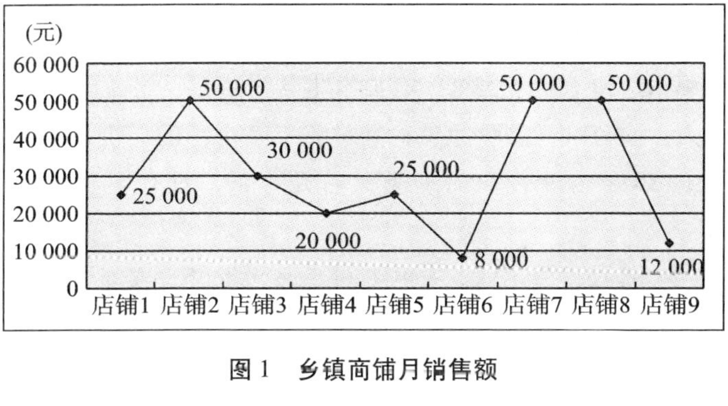

图 1　乡镇商铺月销售额

2. 农村商户销售业绩

农村商户与县镇商户相比，销售情况有一定的差距。店铺之间的差距很大，有些业绩好的店铺，销售额较高，而业绩差的店铺，销售业绩不及普通店铺业绩的五分之一，具体数据如图 2 所示。

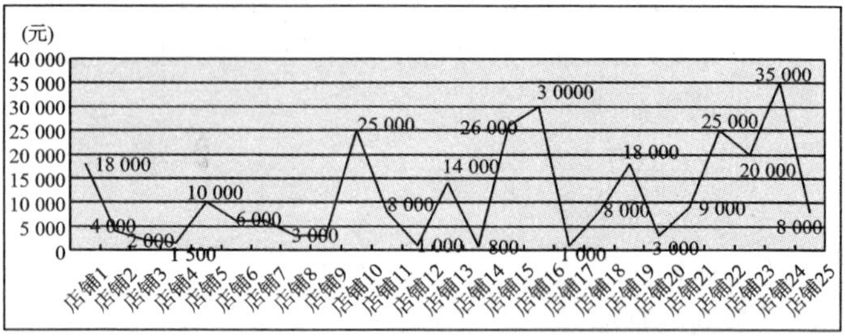

图 2　农村商铺月销售额

我们走访的 25 家农村万村千乡店铺，它们的平均月销售额约 11 412 元。但是由图 2 可知，在月销售额方面，各农村商铺之间的差距太大了，两极分化现象严重。

通过调研，我们就农村商铺月销售额差距大的问题得出了七点原因。

（1）规模各不相同。我们所调查的农村店铺中，规模最大和最小的店差别非常大。例如天马村惠隆超市，其有三个门市，经营面积达到 100 平方米，有成百上千种商品，员工都是自己的家人。而新风村惠隆超市，其只有一个小小的门市，经营面积只有 30 平方米，商品种类只有几十种，只有店主一人在经营。

（2）地理位置不同。有的万村千乡店铺开设在村头、岔路口或者城郊，周围居民较多，但有的店处在两个镇中间，周围居民较少，这也是造成销售额差距的原因之一。另外，有些店就在乡镇的附近，周围居民平时习惯到乡镇购物，这也造成了客流的分散。

（3）麻将馆的连带效应。在我们走访的万村千乡店铺中，有几家店铺的经营者兼开麻将馆，因为每天去店里打牌的人比较多，人流量的增大也使得销售额增加。

（4）竞争对手不同。万村千乡市场工程店铺有各种竞争对手，而村级店的竞争对手是夫妻店，夫妻店内的商品价格低，且经营者与村民关系较好，这对万村千乡市场工程店有一定冲击。

（5）商品种类不同。商品的种类要与居民消费需求一致，如果附近的居民都是中老年消费者，而店内贩售的都是零食，那么就不能满足消费者的需求了。在调查中，我们发现有很多店都没有烟草许可证，所以店里不能卖香烟，但是在副食店中，香烟是主要的销售额来源，所以没有烟草许可证的店铺的销售额会比其他有许可证的店铺的销售额少很多。

（6）经营者态度。经营者的管理也是一个不可忽略的原因，例如经营者是否热情待客，和周围居民是否相处融洽，这些都关系着店铺的经营效益。在我们的调查中，城南村惠隆超市的店主非常好，十分配合我们的调查，并热情地接待我们，在填写调查问卷的时候非常认真，相信这也是她店铺生意好的原因。

（7）居民习惯。石仙村惠隆超市是我们此次调查中销售额最少的店铺。店主表示，在农忙季节，大多数农民都忙着干活，那个时候一个月只有几个人到她店里消费。农闲时节，顾客数量会增加，但由于该店规模小、商品种类少，且价格也不高，所以一个月的销售额也很低。

（三）万村千乡市场工程给乡镇级农村零售业带来的变化

1. 万村千乡市场工程给乡镇零售商户带来的变化

万村千乡市场工程给乡镇零售商户带来的物质变化主要体现在为他们提供一些扶持，如提供招牌、电子秤、货架、LED显示屏、灭火器、POSS机、电脑等设备。对于自主经营的“重客隆”门店，他们的进货都是自主进货，没有万村千乡市场工程所宣传的统一配货；而对于超市形态的“重客隆”，其进货则是从县、市自己采购。

而在经营销售方面，对于乡镇的“重客隆”超市来说，万村千乡市场工程给零售商户带来的变化应该不是特别明显。因为对于一个镇来说，只要有一个大型超市，附近的居民自然而然就会选择去那儿。

2. 万村千乡市场工程给农村零售商户带来的变化

对于农村零售商户来说，万村千乡市场工程给他们带来了很大的变化。商务部提供的招牌、货架使他们的经营更专业，店面更整洁。大多数店主对万村千乡市场工程的扶持都表示非常满意。在进货方面，我们采访到的一家在2005年加入万村千乡市场工程的店铺的店主告诉我们，前三年他们只能接受“重客隆”的统一配送，三年之后可自行进货。我们采访的25家农村零售商大多都是自主进货，只有少部分的商户是到附近镇上的“重客隆”进货。

在经营销售方面，万村千乡市场工程带来的变化也很明显。有部分店铺因为加入万村千乡市场工程而得到了合法的烟草专卖零售许可证、烟花爆竹经营许可证，这对店铺的销售业绩增长提供了很大的帮助。

二、被调查消费者消费情况分析

（一）消费者基本情况分析

我们所调查的消费者一共有100位，其中乡镇消费者50位，农村消费者50位。消费者的年龄分布和文化程度情况如图3、图4所示。

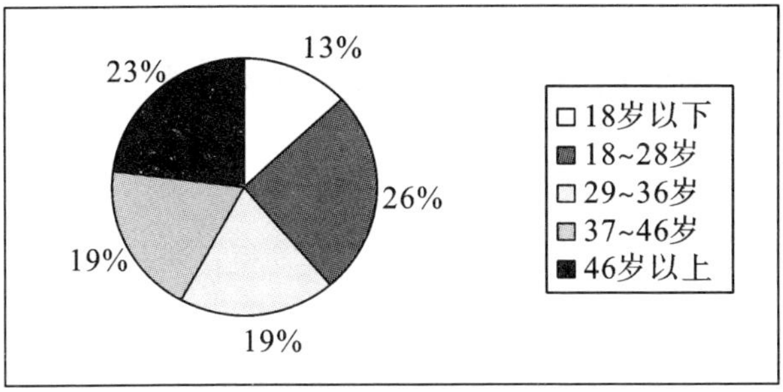

图 3　消费者年龄分布

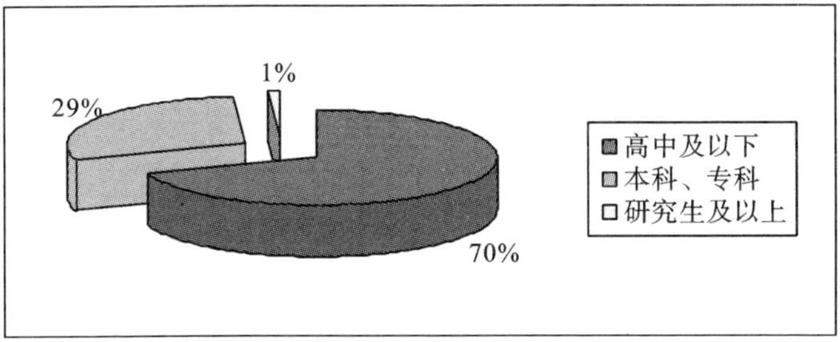

图 4　消费者文化程度情况

（二）消费者对万村千乡市场工程店的基本认知

消费者对万村千乡市场工程店的认知调查主要基于消费者是否知道哪些店铺是万村千乡市场工程店而展示。调查结果如图 5 所示。

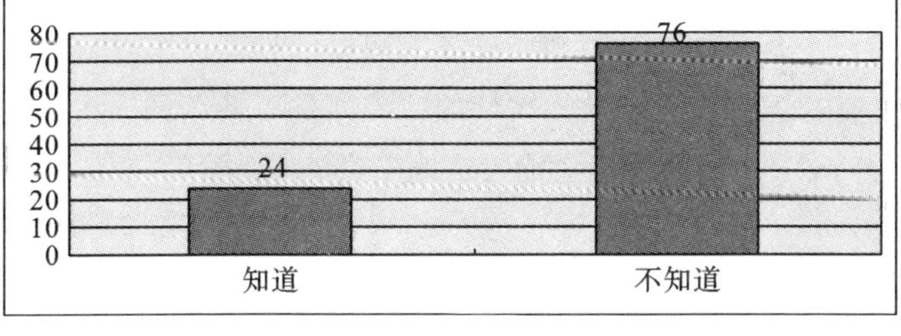

图 5　消费者是否知道万村千乡工程

三、垫江县万村千乡市场工程存在的问题

（一）管理方面

万村千乡市场工程店缺乏统一部署和管理，致使店面分散且让消费者难以识别。

（二）经营方面

在经营方面，万村千乡市场工程店跟一般的副食零售店相比没有什么突出的优势。

（三）国家扶持的可持续性方面

我们在调查中发现，国家对于商户的扶持多是在加入万村千乡市场工程初期给予一次性的补贴，不具有可持续性。

四、建议与对策

（1）提高总部商品配送比例。统一配送货物，不仅能保障商品的质量，也能节约成本。

（2）加强宣传。政府应大力宣传万村千乡市场工程，让更多的消费者知道它的优势。这样才能充分发挥万村千乡店在农村商业发展中的作用，为老百姓提供更多更好的商品和服务，从而改善农村商业商品流通环境，提升农村消费者的消费质量。

（3）国家扶持政策和措施要有可持续性。国家在对万村千乡的扶持上一定不能是一次性的，应该是可持续的，扶持政策要分阶段实施，让工程店能持续地按照要求经营。

参考文献

[1] 风笑天. 现代社会调查方法 [M]. 4版. 武汉：华中科技大学出版社，2009.

[2] 张克云. 农村社会调查研究方法 [M]. 北京：中国农业大学出版社，2011.

[3] 水延凯. 社会调查案例教程 [M]. 4版. 北京：中国人民大学出版社，2008.

[4] 王成义. 万村千乡市场工程全面展开 [J]. 山东企业管理，2006.

[5] 荆林波. 稳步推进“万村千乡市场工程” [J]. 中国市场·现代商业，2008.

[6] 韩肃. 论黑龙江省“万村千乡”市场工程建设 [J]. 商业经济，2008.

[7] 李慧. 创新银行产品助力“万村千乡”市场工程发展 [J]. 经济视角，2013 (1).

[8] 易林. “农家店”闪耀新农村 [J]. 云南支部生活，2006 (6).

[9] 王亮. 万村千乡市场工程合力构建新农村物流配送格局 [J]. 热点聚焦，2006 (4).